ツキノワグマ

宮崎 学

偕成社

はじめに

　ボクは、日本の自然《しぜん》をテーマに、四〇年以上も撮影《さつえい》してきた。それも、「きれい」とか「かわいい」といった、人間中心の感情《かんじょう》や価値観《かちかん》を極力《きょくりょく》おさえ、自然に即《そく》して撮影するようにこころがけてきた。あくまでも、自然と野生動物の側《がわ》から人間社会をみる、「自然界の報道写真家《ほうどうしゃしんか》」として活動《かつどう》してきたのである。

「けもの道《みち》」のテーマでは、人間のつかう登山道《とざんどう》に、無人《むじん》ロボットカメラをセットして、そこをとおる野生動物たちの素顔《すがお》を暴《あば》いてみた。その結果《けっか》、野生動物たちは、人間のにおいなどには関係《かんけい》なく、食《く》うものも食われるものも等《ひと》しく、おなじ道をつかっているという事実《じじつ》にゆきついた。

　また、日本じゅうで繁殖活動《はんしょくかつどう》している「鷲《わし》と鷹《たか》」の全種類《ぜんしゅるい》を独力《どくりょく》でおいもとめ、それまで繁殖していないといわれていたカンムリワシが、沖縄《おきなわ》の西表島《いりおもてじま》に営巣《えいそう》していることを確認《かくにん》、その姿《すがた》を日本ではじめて撮影《さつえい》もした。

さらに、夜行性《やこうせい》の「フクロウ」をテーマに、その生活史《せいかつし》のすべてを、白日《はくじつ》の下《もと》に晒《さら》しもした。そして、動物たちの「死《し》」のわきにカメラを何日間にもわたっておき、朽《く》ちて自然《しぜん》に還《かえ》っていく姿をみつめてみた。その結果《けっか》、そこには、誕生《たんじょう》のかずだけ死もあり、死をまっている生物《せいぶつ》もプログラムされていて、その死は、妊娠期間《にんしんきかん》とおなじ時間で土に還っていく事実《じじつ》を発見した。

近年は、野生動物の視線《しせん》から人間社会の環境問題《かんきょうもんだい》を逆照射《ぎゃくしょうしゃ》した「アニマル黙示録《もくしろく》」、「アニマルアイズ」という仕事にもとりくんできた。

このような仕事に挑《いど》みつづけてきたのも、それまで通説《つうせつ》としていわれてきていることが、じつはちがっていたり、正しいかどうか確認されないまま、ことばがひとりあるきしていることへの疑問《ぎもん》があったからだ。それは、写真家《しゃしんか》として、いつも現場《げんば》に立ちながら、自分の目で直接事実《ちょくせつじじつ》をたしかめなければ、なにごとも進展《しんてん》しないという思いでやってきたことの結果にすぎない。

こうした体験《たいけん》をとおして、ボクはますます、自然界《しぜんかい》を語《かた》るときは、人間とあらゆる生物とをおなじ土俵《どひょう》においてから、人間中心でなくて動物たちからの視線で、そ

れをみつめる必要のあることを知るようになった。
ようするに、クマならクマの視線《しせん》で、人間の行動《こうどう》や、平成《へいせい》という現代《げんだい》社会をみたら、どう映《うつ》るかということである。
「黙《もく》して語《かた》らない」自然界《しぜんかい》を知るには、そのふところに入っていくしかないということだ。こうして、ボクはとうとう、ツキノワグマのふところに入ってしまったのだった。

●いつもの「けもの道《みち》」をとおって、ツキノワグマがやってきた

ツキノワグマ／目次

はじめに　2

第1章　クマに対《たい》するボクの見方・考え方　9

ボクたちが守るべきルール／カナダのゴミ箱《ばこ》から学ぶべきこと／イヌの果《は》たすべき役割《やくわり》／「おしおき放獣《ほうじゅう》」の問題点《もんだいてん》

第2章　フィールドノート①
いつ事故《じこ》がおきてもおかしくない、クマと人間との危険《きけん》な関係《かんけい》　33

庭に入りこんできたクマ／あわてたクマ親父《おやじ》／キャンプ場《じょう》にて／キャンプ場のクマの行動《こうどう》

第3章　ボクが出会ったクマの野生　53

はじめての出会い／「殺気《さっき》」をぶつける／咆哮《ほうこう》するツキノワグマ／

ツキノワグマの逆襲《ぎゃくしゅう》

第4章 フィールドノート② 小さな事件《じけん》の記録《きろく》 91

クマ、クロスズメバチの巣《す》を襲《おそ》う／ツキノワグマは怒《おこ》った

第5章 なぜツキノワグマは、人を襲《おそ》うようになったのか？ 107

人を守らなくなったイヌ／T《ティー》さん、クマに馬のりにされる／音と光に動《どう》じない新世代《しんせだい》のクマ／ふたたび、「おしおき放獣《ほうじゅう》」を考える／データが語《かた》ること／ほんとうにツキノワグマは減《へ》っているのか？／ツキノワグマとの共存《きょうぞん》は可能《かのう》か／ツキノワグマの出現地図《しゅつげんちず》からわかること

おわりに 158

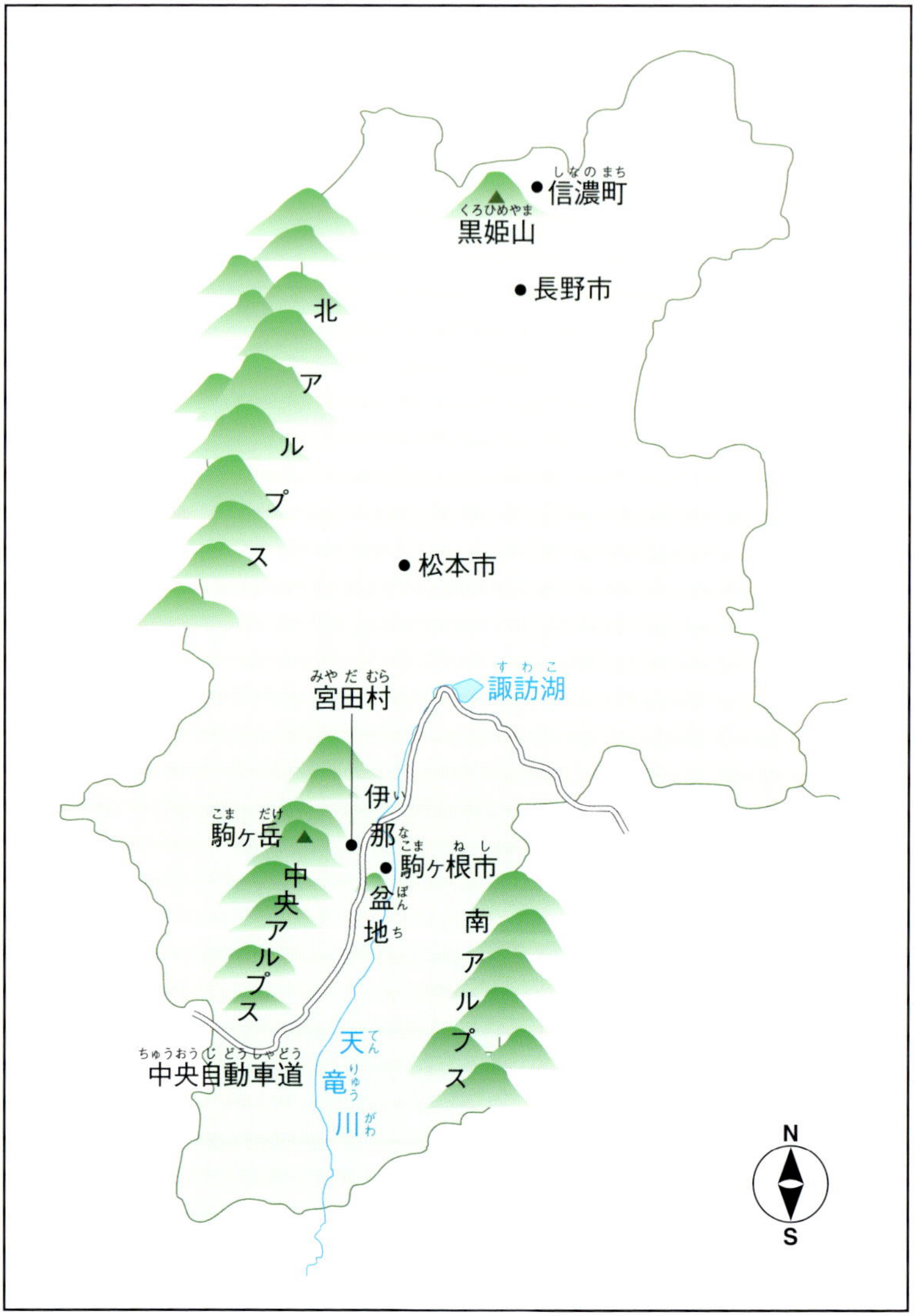

●長《なが》野《の》県本文関連《けんほんもんかんれん》地図

第1章
クマに対《たい》する
ボクの見方・考え方

ボクたちが守るべきルール

いまから、一〇年ほど前のことである。

伊那谷《いなだに》の山村《さんそん》を車で走っていたら、ミツバチの箱《はこ》がおいてあるのがみえた。セイヨウミツバチの箱が三〇個ほどおいてあって、そのど真《ま》ん中《なか》に、なんとクマを捕獲《ほかく》するための檻《おり》がしかけられていた。

養蜂業者《ようほうぎょうしゃ》が、クマに荒《あ》らされないように「養蜂」をいとなみながら、ついでにクマまで捕獲してしまおうという魂胆《こんたん》だった。

これをみて、ボクはルール違反《いはん》ではないのか、と愕然《がくぜん》とした。

クマの生活圏《けん》にミツバチ箱をおけば、それは、クマへの「餌《え》づけ」なのであって、クマがでてこないほうがオカシイのである。

このような環境《かんきょう》で、業者《ぎょうしゃ》が金もうけをしたいのなら、クマが入れないように、箱全体を、ぐるりと檻でかこむなり、電気柵《さく》で防備《ぼうび》するなりの工夫が必要なのだ。

そう思っていたら、つい先日も、近所の民宿《みんしゅく》の庭先にクマがでてきて、ニホンミツバチの巣箱《すばこ》をふたつ盗《ぬす》んでいったという。民宿の主人は激怒《げきど》して、クマをなんとかせい、と市役所へねじこんだ。そして、とうとう捕獲檻《ほかくおり》が庭先にしかけられた。

このニホンミツバチは、ヨーロッパから移入《いにゅう》されたセイヨウミツバチとちがって、もともと日本に棲《す》んでいたハチだ。山野《さんや》に巣箱をしかけて、ハチを誘《さそ》いこみ、巣箱にハチが入ると、そのまま自宅の庭まで運んできて、飼育《しいく》をする。ハチは、せっせと子どもをそだて、蜜《みつ》をたくわえる。ニホンミツバチだから、とうぜんクマも大好物《だいこうぶつ》であり、本来《ほんらい》はクマたちが山野でありついてきたごちそうなのだ。

その巣を、人間が庭先までもってきて飼育し、襲《おそ》われたからといって、クマを敵視《てきし》するのは、ちょっとマズイのではないか。だったら、こういう巣箱こそ、クマの入れないような檻《おり》の中にいれて、しっかり管理《かんり》するべきではないだろうか。

自然《しぜん》に対《たい》する、こうした基本的《きほんてき》な考えちがいが、今日《こんにち》の日本では、まだまだふつうにまかりとおっている。自然を売り物《もの》にして観光業《かんこうぎょう》をいとなむのなら、もうすこし、こころの成長もしてもらいたいものだ。

●ミツバチ箱《ばこ》にとりかこまれるように、クマを捕獲《ほかく》する檻《おり》がしかけられていた

カナダのゴミ箱《ばこ》から学ぶべきこと

一九八〇年のこと、テレビのレポーターの仕事《しごと》で、カナダのロッキー山脈《さんみゃく》へいったことがある。バンフからジャスパーまでをひとりで運転《うんてん》して、スタッフと合流《ごうりゅう》することになった。はじめての右側通行運転にとまどいながらも、ボクはこのときも「複眼発想《ふくがんはっそう》」をやっていた。複眼発想とはかんたんにいえば、ものごとを一面的《いちめんてき》にみないで、反対《はんたい》の立場《たちば》や、斜《なな》めの角度《かくど》からも考えてみるということである。

道路ぎわには野生のヒグマも出現《しゅつげん》するし、エルクやムースまでもいる。さすが、カナダの自然《しぜん》はすばらしいと感心《かんしん》しながら、枝道《えだみち》へそれたところで、おどろくべき発見をした。

なんと、ボクの目は「ゴミ箱《ばこ》」にくぎづけになってしまったのである。

コンクリートの土台《どだい》つきの、シンプルなゴミ箱は、ひと目でそれが意味《いみ》するものを理解《りかい》できた。ヒグマの生息地《せいそくち》だから、ヒグマにゴミの味《あじ》をおぼえさせないためののものだったのである。

ゴミの味をいちどおぼえたヒグマは、餌《えさ》をもとめて人間の世界に近づいてくるようになる。やがて、そうしたクマのなかから、なんらかのきっかけで人を襲《おそ》うものがでてくるかもしれないのだ。

コンクリートの土台は、ヒグマの力をもってしてもたおせないように頑丈《がんじょう》だった。ゴミ箱《ばこ》の鉄板《てっぱん》も、かなり厚《あつ》くて、強度《きょうど》もあった。しかも、ふたは上にもちあげないと、ゴミをいれられない構造《こうぞう》にもなっていた。

クマは、おしこむ知恵《ちえ》があっても、重いふたを上にもちあげるという知恵を、もちあわせてはいない。

とにかく、自然《しぜん》の側《がわ》からも、クマの側からも、人間の側からも、三次元《さんじげん》に発想《はっそう》された「ゴミ箱」だったのである。

日本には、このような発想で開発《かいはつ》されたゴミ箱は、ない。全国どこへいっても、ゴミ「かご」だったからである。

以来《いらい》、ボクは、ますますゴミ箱に関心《かんしん》がむくようになった。このため、北海道《ほっかいどう》か

●カナダのゴミ箱《ばこ》

ら沖縄《おきなわ》まで、ゴミ箱《ばこ》だけをめぐる旅にもでかけてみた。そして、三次元《さんじげん》で発想《はっそう》できる環境行政《かんきょうぎょうせい》は、この国には存在《そんざい》しないことを発見した。

自然保護《しぜんほご》だ、環境保護だ、自然との共存《きょうぞん》だ……などといいながらも、この国の環境行政の内実《ないじつ》はまったく進歩《しんぽ》せず、今日《こんにち》まで、ずうーっとつづいているからである。

そこで、このような写真《しゃしん》

を講演《こうえん》などでもみせながら、わたしたち人間をふくめた環境《かんきょう》が、すべての野生動物へもつながっていることを説明《せつめい》してきた。が、しかし、理解《りかい》はいまだにゼロなのである。まさに、自然《しぜん》に対《たい》する貧困《ひんこん》な発想《はっそう》だけが、この国の中には脈々《みゃくみゃく》と生きつづけているのだ。

●土台《どだい》にのせてあるだけの北海道《ほっかいどう》のゴミ箱《ばこ》

●タヌキがきていた山陰《さんいん》のゴミかご

●北海道オンネトーのゴミ箱

国立公園《こくりつこうえん》や、市町村の観光地《かんこうち》でも、「ゴミもち帰り……」を唱《とな》えながらも、「ゴミかご」の発想《はっそう》から脱却《だっきゃく》できてはいない。

これでは、いつまでたっても、クマとのトラブルはつづくことであろう。カナダやアラスカの発想からは、いまだ五〇年おくれている……と、ボクは思っている。すくなくも、北海道《ほっかいどう》や長野県《ながのけん》のような身近なところにクマがいる山岳圏《さんがくけん》では、行政《ぎょうせい》も一般《いっぱん》市民《しみん》や観光客《かんこうきゃく》も、早急《そうきゅう》に三次元《さんじげん》発想にならなければいけないだろう。

すなわち、クマをはじめとする野生動物と、人間と、自然環境《しぜんかんきょう》は、同時進行《どうじしんこう》でつながっているということに、気づいていかなければならないのである。

イヌの果《は》たすべき役割《やくわり》

昨夜の二〇時五三分、近所の旅館《りょかん》の主人から電話があった。

主「ガクさん、いま裏山《うらやま》にクマがきているみたいなんだよぅー」

「飼《か》いイヌが吠《ほ》えるし、枝《えだ》を折《お》る、すごい音がきこえるんだよなぁー」

「どうするぅ、懐中電灯《かいちゅうでんとう》でももって、オレみにいってくるかい……」

ガ「ははあーん、例《れい》のクルミの木にのぼっているなぁー」

「みにいかなくてもいいから、そっとしておいてくれ～、明日、ボクがいくから……」

二日ほど前から、旅館《りょかん》の主人は、近所《きんじょ》に親子《おやこ》グマの出現《しゅつげん》を確認《かくにん》していた。それも、二頭《とう》の子グマをつれている……そうだ。

このことは一般《いっぱん》に知られるとマズイから、ボクだけにそっと教《おし》えてくれたのだった。主人もクマとのつきあい方を知っているから、さわぎたてるでもなく、懐中電《かいちゅうでん》灯《とう》でみにいってくるとまでいい放《はな》てるのだ。

翌日《よくじつ》、その現場《げんば》をみて、ボクはおどろいた。どうやらクルミの木にのぼっていたのはいいが、枝《えだ》が折《お》れて、おちたみたいなのだ。それも、一八メートルという、はんぱではない高さから、地上へダイレクトにおちたみたいだった。

●熊《くま》追《お》い犬《けん》マック（日本犬の雑種《ざっしゅ》）

　クマの体重がかかりすぎて、枝《えだ》が折《お》れたのにちがいない。その枝も直径《ちょっけい》一七センチもある太いものだから、そうかんたんには折れるようなしろものではない。

　クマは、親子《おやこ》で枝にのぼっていたのだろうか。おそらく、親子三頭分《とうぶん》の体重をささえきれずに、枝が折れたのだろう。折れたときに、ほかの枝にあたりながら落《らっ》下《か》したのならショックもかるくすむだろうが、そのような状況《じょうきょう》でもない。ようすからして、いきなり地上《ちじょう》におちたみたいだ。

その証拠《しょうこ》にクマもびっくりしたらしく、枝についているクルミの実もたべずにひきあげてしまっていた。「サルも木からおちる」こともあるくらいだから、クマだって、やはり、おちることがあるのだろう。

野生のクマのことだから、それほど大けがをしているとは思えない。ただ、びっくりしただけなのだろう。ここのクルミの木には、とうぶんのあいだクマが出現《しゅつげん》しそうだから、撮影準備《さつえいじゅんび》をすることにした。

●折《お》れたクルミの木

●落下《らっか》した枝《えだ》

しかし、クマは、四日間まったくあらわれなかった。木からおちたのが相当《そうとう》にショックだったのか、それとも、べつに餌場《えさば》があるのか。とにかく、ボクは期待《きたい》してまっているのに、まだ出現《しゅつげん》しない。

旅館《りょかん》の主人も、飼《か》いイヌの吠《ほ》え声で周囲《しゅうい》のようすがわかるようだった。

主「ガクさん、まだクマもイノシシも、近所にきてねぇぜ」

「このイヌが玄関《げんかん》の中でなくときはクマだし、庭でなけばイノシシだに」

「こいつはおくびょうでなぁー。クマのときは小せぇ声だし、イノシシだって、いちおうは庭にでていくけど、すぐにもどってくるからわかるんねぇー」

「お客《きゃく》さんがきても、玄関のじゃまなところでねている……だけだし」

ガ「このイヌ、名前なんちゅったっけ……？」

主「マックだに、一四歳《さい》……」

ガ「マックとはハイカラな名前だなぁー。オレのPC（パーソナルコンピュータ）とおなじじゃん。ほんでもって一四歳じゃあ、しっかりジイさんだな」

主「そうなんだよ、もう、ヨボヨボ……」

こんな会話《かいわ》をマックは迷惑《めいわく》そうにきいていたが、イヌと家族《かぞく》とのコミュニケーションがしっかりできていることを、ボクは知った。

旅館業《りょかんぎょう》なのに、マックはこれまで、ずうっと放《はな》し飼《が》いにされてきた。だから、若《わか》いころには近所の山の中で、クマやイノシシと出会って戦《たたか》ったことがあったのだろう。そのことをちゃんとおぼえているから、近くにやってくると、いまでも敏感《びんかん》に察知《さっち》して吠《ほ》えるのだ。

このようなくらしが、つい四〇年ほど前までは、日本じゅうの田舎《いなか》のいたるところで、ふつうにおこなわれていた。人とイヌの関係《かんけい》ができあがっていて、放し飼いにされていたイヌたちが集落《しゅうらく》を守っていたからだ。だから、クマもイノシシもサルも、集落の中には入ってこれなかったのである。

そんな人間社会と自然界《しぜんかい》との境界線《きょうかいせん》を守る貴重《きちょう》な関係《かんけい》を、ボクは、ここの旅館で再発見《さいはっけん》をした思いだ。

マックは、柴犬《しばいぬ》っぽい雑種《ざっしゅ》だった。もちろん、血統書《けっとうしょ》なんてついてないし、これ

●最近《さいきん》は、自然界《しぜんかい》と人間社会《にんげんしゃかい》の境界《きょうかい》をこえて、ツキノワグマが人里《ひとざと》に、しばしば出現《しゅつげん》するようになった

までドックフードをもらったこともない。旅館業《りょかんぎょう》だから、いつもお客《きゃく》さんのたべのこした残飯処理係《ざんぱんしょりがかり》をつとめているのである。

こんなイヌが、田舎《いなか》では、ほんとうに役立《やくだ》つのである。ボクもしばらく、このイヌの嗅覚《きゅうかく》をたよりにしなければならない。

タヌキやキツネ、イノシシやハクビシンなど、近年《きんねん》は野生動物が、民家《みんか》の庭先まで平気でやってくるようになった。これらの動物にくわえて、ツキノワグマもなかまいりをはじめている。これには、理由《りゆう》もある。

それは、イヌをクサリにつないだり、檻《おり》で飼育《しいく》しているからだ。

もちろん、法律《ほうりつ》がイヌの放《はな》し飼《が》いを禁止《きんし》しているから、現代《げんだい》ではそうせざるをえない。しかし、前にいったように四〇年ほど前までは、イヌの放し飼いは、ごくふつうにおこなわれていた。だから、イヌは、自分のナワバリに野生動物が侵入《しんにゅう》してくれば、猛烈《もうれつ》に排除《はいじょ》をするから、動物たちは人間の集落内《しゅうらくない》に入ってこれなかった。

ところが、現代社会では、野生動物のほうが「イヌはつながれている」と認識《にんしき》しはじめているのだ。車の音なんて、とっくに学習しているし、人間ほど鈍感《どんかん》な生きものはいないと、判断《はんだん》もしている。だから、人里《ひとざと》深く、どんどん侵入《しんにゅう》してきているのである。

イヌを放《はな》し飼《が》いにすれば、ときには、子どもたちが咬《か》まれてしまう。それが危険《きけん》だからということで、檻《おり》の中やクサリにつないで飼育《しいく》するようになってきたのだが、イヌの被害《ひがい》は減《へ》ったものの、こんどは、野生動物に脅《おびや》かされる時代《じだい》がやってきたのである。

「おしおき放獣《ほうじゅう》」の問題点《もんだいてん》

最近《さいきん》、長野県《ながのけん》では、ツキノワグマの話題《わだい》がおおいような気がする。目撃例《もくげきれい》ばかりでなく、人間と格闘《かくとう》するニュースまである。山野《さんや》で、いきなりクマ

と遭遇《そうぐう》してとっくみあいになり、巴投《ともえな》げをうったらにげていったとか、夜間《やかん》の遊歩《ゆうほ》道《どう》を散歩中《さんぽちゅう》に、青年がクマに出会い、腕《うで》をかまれた……とか。

長野県だけでなく、日本全国《ぜんこく》で、このようなニュースが増《ふ》えている。

ボクの仕事場《しごとば》のまわりにも、現在《げんざい》、クマが出現中《しゅつげんちゅう》である。

現在というより、昔からクマは、ふつうにいるところなのである。その生息地《せいそくち》の中に、ボクが入りこんで、仕事をさせてもらっているにすぎない。

●著者《ちょしゃ》の仕事場《しごとば》がある環境《かんきょう》

そんな環境《かんきょう》だから、ボクもぜったいに油断《ゆだん》はできないと思いつつ、日々《ひび》の仕事《しごと》をこなしている。

だからといって、クマがいなくなればいい、とも思わない。クマは、日本の山野に昔から棲《す》んできた動物だから、できるなら無用《むよう》なトラブルもなく、共《とも》に、それぞれの生活をつづけていければいい、と思っている。

このため、仕事場《しごとば》の周囲《しゅうい》にはセンサーを張《は》りめぐらして、室内《しつない》にいても、屋外《おくがい》のようすがあるていどわかるようにもしている。

夜間《やかん》の外出《がいしゅつ》などは、とくに注意しなければならない。というのも、外出しようとして、いきなり玄関《げんかん》をあけたら、そこにクマがいて「襲《おそ》われた」、なんていうことが数十年前に、じっさいにおきているからだ。ボクの住《す》む家のまわりには、そういうこともあるのだから、玄関前には、動物を感知《かんち》すると、ブザーがなって照明《しょうめい》もつくセンサーをとりつけているのだ。

こういうこころがまえをしながら、ボクは今日《こんにち》まで仕事をしてきた。だから、クマには関心《かんしん》が強く、自分なりに調べてもきたつもりだ。

そんなボクが、現在《げんざい》のクマ事情《じじょう》を考察《こうさつ》すると、ここ一～二年は、とくにクマが人間に異常接近《いじょうせっきん》してきているような気がしてならない。これは、かくじつにクマの個《こ》体数《たいすう》が増《ふ》えてきているのではないか、とも思える現象《げんしょう》だ。

そして、そうしたクマが人家付近《じんかふきん》にやってくるから、目撃《もくげき》されしだい捕獲檻《ほかくおり》がしかけられ「つかまえ」られてしまうのだ。

つかまえたクマを「殺《ころ》す」のではなくて、「人家付近にやってくれば、ひどいめにあうぞ」ということを教《おし》えるために、とうがらしスプレーなどで「おしおき」をしてから、奥山《おくやま》へ放《はな》されることがおおい。動物愛護《あいご》が大好きな世論《よろん》も、殺すのではなく、おしおきして放す「おしおき放獣《ほうじゅう》」を支持《しじ》する方向《ほうこう》に傾《かたむ》いている。

しかし、奥山といっても、数百キロもの奥行《おくゆ》きのあるアラスカやカナダなどの山ならともかく、日本に「奥山」なんて、ないのではないか。長野県《ながのけん》のどこの山野《さんや》をみわたしても、「奥山」といわれるところはひとつもないと、ボクは思っている。

クマの生息域《せいそくいき》は、ハイマツ地帯《ちたい》の高山帯《こうざんたい》ではなく、もともと、里《さと》に近い山野なのである。そのような環境《かんきょう》には、今日《こんにち》では、いたるところに林道《りんどう》ができあがり、わたしたちも気がるに車ででかけている。捕獲《ほかく》したクマをおしおきして再放獣《さいほうじゅう》したつもりでも、そこはもともと、クマの行動域《こうどういき》の中なのであって、保護《ほご》という名目《めいもく》で、ただイタズラにいじめて、放《はな》しているのにすぎないのではないか。

だから、ボクは「おしおき放獣《ほうじゅう》」には、すくなからず問題を感じている。しかし、この点については五章で、くわしく論《ろん》じることにしたい（123ページ）。

●クマの行動域内《こうどういきない》にあるキャンプ場《じょう》

第2章
フィールドノート①
いつ事故《じこ》がおきてもおかしくない、クマと人間との危険《きけん》な関係《かんけい》

庭に入りこんできたクマ

「ガクさん、ガクさん、昨夜《さくや》、どうも、クマが庭へでてきたぞぅー」

「ちょっと悪いけど、すぐにみてくれやー」

今朝《けさ》、いきなり電話でよびだされたのは、近所の喫茶店《きっさてん》からだった。ボクがイノシシの親子《おやこ》を撮影《さつえい》するためにカメラを設置《せっち》してある庭に、どうやら、クマがきたらしいのだ。

さっそくでかけると、たしかに、クマがやってきた痕跡《こんせき》があった。

クマは、庭に生《は》えていたテンナンショウ属《ぞく》の「オオマムシグサ」の球根《きゅうこん》をほりおこしてたべていった。

毒草《どくそう》といわれているマムシグサの球根を、クマがはたして食《く》うのだろうかと疑問《ぎもん》も感じたが、痕跡は、あきらかにクマのしわざだった。イノシシだったら、もっと豪快《ごうかい》にほるし、なによりも蹄《ひづめ》の足跡《あしあと》がのこる。そのイノシシの足跡がないし、ほりおこした土は、すべてになめらかな丸みがある。

こうしたなめらかさこそ、クマの足跡《あしあと》の特徴《とくちょう》だからである。

そんなところへ、三〇〇メートルほど上手《かみて》にある旅館《りょかん》のオヤジがやってきた。

「昨夜《さくや》、どうもクマがあるいていったぜ……。ウチのマックが、玄関《げんかん》で吠《ほ》えておったでなぁ」

「夜の十一時ころ、だった。イヌがピタリとなきやんだんで庭へでてみたら、マックが舗装道路《ほそうどうろ》のニオイを、さかんにかいでおった。クマはたぶん、道路をあるいていった……な」

これまでの調査《ちょうさ》から、クマは、林の中の「けもの道」をつかいながら、ときには道路もつかって、人家付近《じんかふきん》にもやってくることがわかっている。昨夜《さくや》のマックの行動《こうどう》は、たしかにクマの姿《すがた》をとらえているようだった。

しかも、今回《こんかい》は人家の庭先だから、家から一五メートルほどしか離《はな》れていない。そんなところで、オオマムシグサをほってたべていたのだから、クマも大胆《だいたん》なものだ。足跡《あしあと》からして、体重が三〇～四〇キロの小さなクマだろう。

●オオマムシグサの実《み》

●球根《きゅうこん》をほりだしてたべた

●土がえぐられたたべ跡《あと》

●家から15mほど離《はな》れた現場《げんば》

●小さめのクマ。大きさはシェパード犬《けん》ぐらいだ

こんなクマの出現《しゅつげん》を、ボクのなかまは、みんな楽しんでいる。部屋《へや》からクマがみられれば、楽しいとも思っている。だからこの日、夕がたまでには、クマのとおりそうなところには、行動《こうどう》をチェックするための「糸《いと》」が、まんべんなく張《は》られた。

この糸は、暗闇《くらやみ》で弱く光る蛍光糸《けいこうし》だ。

地上三〇センチの高さに張られた糸が、クマがあるけば進行方向《しんこうほうこう》にむかってひっぱられて、流れていく。その流れによって、行動が、あるていどみえるのである。

ボクがクマの痕跡《こんせき》を撮影《さつえい》しているあいだに、黙《だま》っていてもなかまは、せっせと蛍光糸をあっちこっちに張りめぐらしているのだから、みんな優秀《ゆうしゅう》なアシスタントたちばかりだ。このような調査《ちょうさ》をつみかさねることによって、クマの行動地図《こうどうちず》は、ますます正確《せいかく》になっていく。

自然《しぜん》をどうみていかなければならないかといった、ボクの日ごろの言動《げんどう》が、こういうときにちゃんと効果《こうか》を発揮《はっき》するのが、うれしい。

あわてたクマ親父《おやじ》

「おぉーいガクさん、クマだと思うけど、ヘンな足跡《あしあと》があるから、確認《かくにん》してくれやー」

マックの飼《か》い主《ぬし》から、電話があった。

さっそくいってみると、それは、まぎれもないクマの足跡だった。あき別荘《べっそう》のトタン屋根《やね》に、ところどころにある足跡。その足跡は、かなりあせっているように、ボクにはみえた。

それもそのはず、ここは、駒《こま》ヶ根《ね》高原《こうげん》の観光地《かんこうち》のまっただ中。夏休みで、観光客《かんこうきゃく》がたくさん入りこんでいる。三〇〇〇台くらい収容《しゅうよう》できる周辺《しゅうへん》の駐車場《ちゅうしゃじょう》は、すでに満杯《まんぱい》だ。別荘地《べっそうち》にも、かなりお客《きゃく》さんが入っている。

そんな環境《かんきょう》に、のこのこと、クマがでかけてきていたらしい。そのクマは、人の気配《けはい》を感じて、大あわてでにげようとしたのだ。林をにげればよかったものを、な

にをまちがえたか、別荘《べっそう》の屋根《やね》にのぼってしまった。そして、ふたたびかけくだって、森に消《き》えた。

観光客《かんこうきゃく》がさわがなかったところをみれば、だれも、クマには気づかなかったのだろう。今日だけでも、周辺《しゅうへん》には一万人以上の観光客がいるはずだ。たくさんの観光客がいても、クマを目撃《もくげき》できる目のある人は、すくないものだ。

クマの足跡《あしあと》は、トタン屋根にしっかりついているが、つぎの雨がやってくるまで、このままのこりつづけるだろう。それをクマの足跡だと、だれひとりとして気づく人はいない。

その足跡をみながら、マックの主人とボクは、目と目をあわせてニヤリとわらった。知っているのは、われわれふたりだけだよ、という意味《いみ》である。

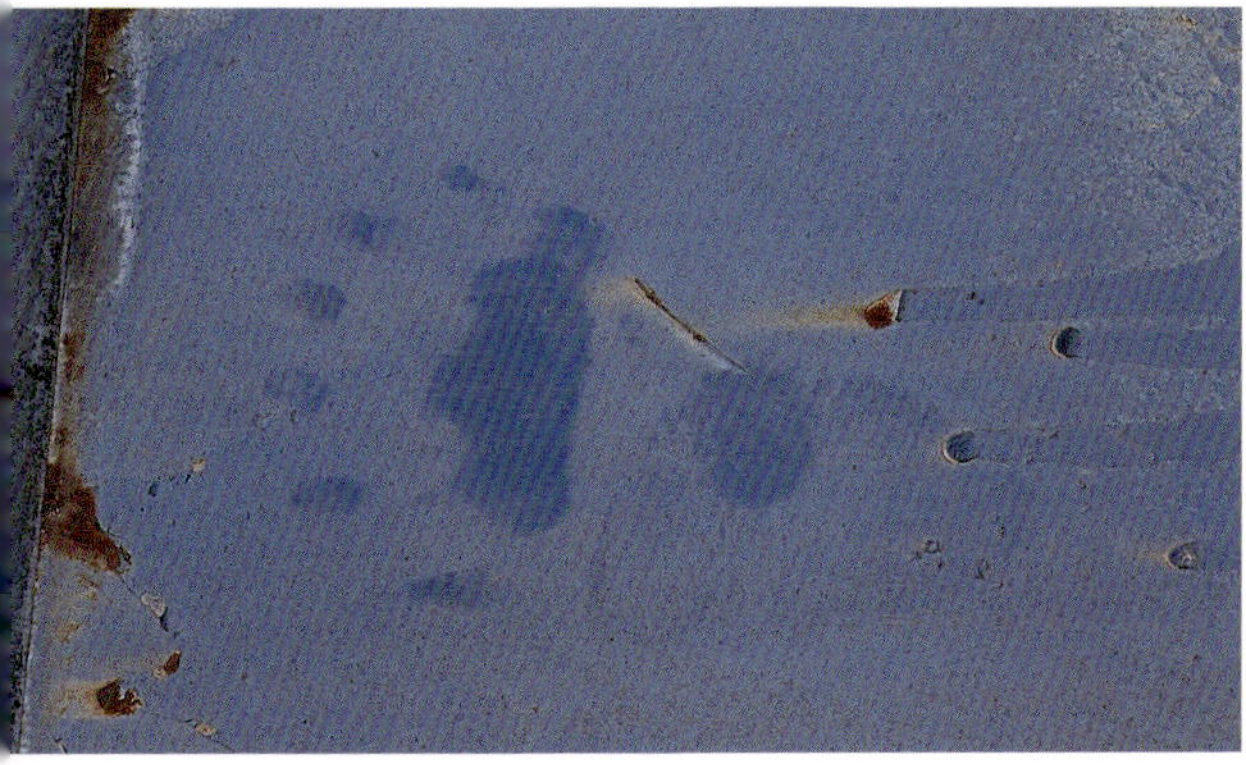

●屋根《やね》の上のクマの足跡《あしあと》（上）
と、ひとつの足跡

キャンプ場《じょう》にて

伊那谷《いなだに》の中央《ちゅうおう》アルプス山麓《さんろく》にあるキャンプ場《じょう》。

周囲《しゅうい》は林にかこまれ、自然《しぜん》もゆたかだから、都会《とかい》の人には、なかなか人気があるキャンプ場だ。このため毎年、四月下旬《げじゅん》~一〇月いっぱいまでは、週末《しゅうまつ》ともなれば、予約《よやく》がとれないほどに混《こ》みあっている。おもに、関東《かんとう》や中京《ちゅうきょう》、近畿《きんき》方面《ほうめん》からの利用《りよう》者《しゃ》がおおいが、ここにやってくるキャンパーは、ほぼ一〇〇パーセントが夕食《ゆうしょく》には「バーベキュー」を楽しんでいる。

キャンプ場内《じょうない》をさりげなく観察《かんさつ》してみれば、家族《かぞく》づれがバーベキューコンロをかこんで、そのわきで旦那《だんな》はビールをのみ、カミさんや子どもたちはジュースやウーロン茶《ちゃ》をのむ姿《すがた》がある。そして、コンロからは肉《にく》や野菜《やさい》のやける煙《けむり》がでて、スイカやメロン、ブドウ、トウモロコシ……などもデザートとしてたべられている。

雑食性《ざっしょくせい》のタヌキやツキノワグマにとっては、このバーベキュー臭《しゅう》は、ある意味《いみ》では「拷問《ごうもん》」のようなにおい……にもなる。そこで、これらの残飯《ざんぱん》の味《あじ》をおぼえてしまったものは、いてもたってもいられず、残飯のあつまるところにやってきて、あさりはじめるのだ。

このキャンプ場《じょう》は、もともとツキノワグマの行動圏内《こうどうけんない》でもあるから、クマも、ふつうの行動としてあるきまわっている。そこに、こんなにおいがしてくれば、たまらない。夜陰《やいん》に乗《じょう》じて、ゴミ集積場《しゅうせきじょう》にあつめてあった残飯に、まちがいなく手をだしてくるのだ。

ふたつきのポリバケツをひっくりかえして、その中に納《おさ》められているマーケット袋《ぶくろ》にいれられた残飯を、藪《やぶ》の中にもちこんで、そこでゆっくりとたいらげる。クマにとっては、黒こげになった焼《や》き肉《にく》ののこりでもタレ味《あじ》がきいているから、それはそれは、めくるめくごちそうなのだ。人間にはすてたゴミ袋でも、クマには夢中《むちゅう》になれるだけの魅力《みりょく》がつまった、ごちそう袋なのである。

そして、藪の中には、クマがすわりこんで食事《しょくじ》をした広場ができあがる。ポリバケツとその広場までは、ピストンされた「けもの道」が、しっかりとできあがっていく。さらに、現場《げんば》には、クマもたべないプラスチック容器《ようき》やビール缶《かん》などが散乱《さんらん》する。しかも、野太《のぶと》いクマのウンコまで目撃《もくげき》できるから、スイカやメロンの種《たね》、トウモロコシの皮《かわ》などが消化《しょうか》されずに、そのままのこっているのも目に入る。

●スイカとトウモロコシの種《たね》がみえるウンコ

●ビニール袋《ぶくろ》やティッシュがみえる

●輪《わ》ゴムやビニールがみえる

●クマが食事《しょくじ》をした広場

そんな光景《こうけい》をみつけて、キャンプ場《じょう》の管理人《かんりにん》は蒼《あお》くなる。お客《きゃく》にみつかったらたいへんなことになるといって、すぐに捕獲檻《ほかくおり》がしかけられて、「射殺《しゃさつ》」、ないしは「おしおき放獣《ほうじゅう》」となる、のである。

これはなにも、伊那谷《いなだに》のキャンプ場だけにかぎったことではない。全国の自然環境《しぜんかんきょう》のいいところならば、どのキャンプ場にも、クマが出現《しゅつげん》してきていると考えてもいいだろう。自然度《しぜんど》の濃《こ》い環境で、このように営業目的《えいぎょうもくてき》で場所《ばしょ》を提供《ていきょう》するのならば、やはりクマが入れないように、キャンプサイトを電気柵《でんきさく》などで一周《いっしゅう》ぐるりとかこんで防備《ぼうび》するのが、本来《ほんらい》の姿《すがた》ではないだろうか。

クマだけではなく、周辺《しゅうへん》の草むらや林には、マムシもいるし、スズメバチもたくさん飛《と》んでいる。それがゆたかな自然なのであって、そうした生物《せいぶつ》を育《はぐく》んでいる高原《こうげん》に遊《あそ》びにきていることを、キャンプにおとずれる都会人《とかいじん》は認識《にんしき》してほしい。

今日《こんにち》の日本人は、うけいれる側《がわ》も、でかける側も、そういった自然に対《たい》する認識《にんしき》度《ど》がまったくゼロなのだから、まさに「貧困《ひんこん》なる精神《せいしん》」といわざるをえない。

キャンプ場《じょう》のクマの行動《こうどう》

九月中旬《ちゅうじゅん》の信州《しんしゅう》。

高原《こうげん》の夕ぐれどきは、かくじつに日が短《みじか》くなっていることに気づく。夕がたの六時半ともなれば、照度《しょうど》も極端《きょくたん》におち、もうすぐ暗《くら》くなるであろうことを、いやでもおうでもさとらされる。やがて、五分単位《たんい》で闇《やみ》へ近づきつつ、七時には、もうあたりは、まっ暗闇《くらやみ》となる。

このような夕ぐれをまちかまえるように、幼児《ようじ》をふくむ家族《かぞく》づれは、キャンプサイトで花火《はなび》をはじめる。そのなかにはロケット花火もあるから、「キュイーン」、「パアーン」と大きな音が、高原のキャンプ場のあちらこちらに、こだまする。

六時三五分、そこにクマはあらわれた。

林縁《りんえん》にそった道路《どうろ》を、ゆっくりゆっくりあるいて近づいてくる。その姿《すがた》は双眼鏡《そうがんきょう》

でも、しっかりと観察《かんさつ》できた。頭《あたま》をさげ、口をぱくぱくと閉《と》じたりあけたりして、肩《かた》が左右に大きくゆれている。からだの大きさは、黒い大形《おおがた》のイヌくらいだから、まだ三歳《さい》くらいの若《わか》いクマだろう。

●ゴミすて場《ば》にあらわれたクマ

ボクは道路に車をとめて、このときをまっていたのだ。

クマは、車から一〇メートルのところにある、小屋に保管《ほかん》されているポリバケツに一直線《いっちょくせん》にむかった。そして、ポリバケツのにおいをかいだあと、一撃《いちげき》でたおして、ふたをあけた。

中には、昨日《きのう》のキャンパーの残飯《ざんぱん》が入っており、クマは、それをむさぼるようにたべはじめたのである。

ボクは、車内《しゃない》から慎重《しんちょう》にピントをあわせて、シャッターを切った。瞬間的《しゅんかんてき》にストロボの強力《きょうりょく》な閃光《せんこう》が走ったが、クマは、まったく動《どう》じることがなかった。クマの動きをまちながら、二〇枚《まい》くらいシャッターを切っただろうか。そのころには夕闇《ゆうやみ》もせまり、まっ黒なクマのからだからは表情《ひょうじょう》が、ほとんどわからなくなってしまった。

そこに、ロケット花火の音がさかんにしはじめた。だが、クマは動じなかった。そして、

「お父さ〜ん、カブトムシいな〜い？」

といった会話が近くでおこった。一〇〇メートルほど離《はな》れた林で、カブトムシ採《と》りをはじめた家族《かぞく》があるらしく、懐中電灯《かいちゅうでんとう》の光が踊《おど》りはじめた。

それをみてクマは、マーケット袋《ぶくろ》につまったゴミ袋を、そのままくわえて藪《やぶ》の中に消《き》えた。

藪の中からは、ビール缶《かん》のこすれる「カラン、カラン」という音が、ときおりきこえてくる。

たべおわったのだろうか、しばらくすると、クマが藪の中からでてきた。そして、ふたたびポリバケツに近より、ゴミ袋を藪にもち帰った。

その動きは、しっかり凝視《ぎょうし》しないとわからないほどに、あたりは闇《やみ》だった。都会《とかい》からきたキャンパーに、そんなクマの動きは知るよしもない。ロケット花火や人の声にも、クマはにげないし、なによりも、ボクが車の中にいることを承知《しょうち》しての行動《こうどう》だった。

クマに出会わないようにするには、鈴《すず》や笛《ふえ》をならせば大丈夫《だいじょうぶ》……と、昔からいわれつづけている。

しかし、現代《げんだい》のクマをみるかぎり、そんなことは通用《つうよう》しないようだ。クマも「現代っ子」に世代交代《せだいこうたい》して、人間社会のあらゆるものを学習してきている、からだ。

第3章
ボクが出会ったクマの野生

はじめての出会い

あれは、一九七八年の秋のことだった。

中央《ちゅうおう》アルプス山麓《さんろく》から中腹《ちゅうふく》にのびる林道《りんどう》を、ボクはひとりであるいていた。ちょうど新しく買った六〇〇ミリ望遠《ぼうえん》レンズのテストをかねて、深まった秋の山の紅葉《こうよう》を楽しみながらのぼっていた。

林道は、幹線道路《かんせんどうろ》からはずれて五キロくらい先でゆきどまりとなっている。その終点《しゅうてん》近くで工事《こうじ》をやっているらしく、ときどき林道を車両《しゃりょう》がとおる。林道に入って二キロがすぎたくらいだろうか、工事用の四輪駆動車《よんりんくどうしゃ》がボクをおいこしていった。エンジン音が遠ざかり静寂《せいじゃく》がおとずれたころ、前方の山の斜面《しゃめん》から枯《か》れ葉《は》をふむ、かすかな音がきこえてきた。

その音はかるく、リズミカルなひびきで、ボクのあるく林道に交差《こうさ》するようにくだってきた。音の軽快《けいかい》さからして、ノウサギかテンくらいな感じがしていたから、それほど気にもとめていなかった。

やがて、林道《りんどう》のすぐそばまでやってきて、その音は消《き》えた。そして、黒い獣《けもの》が顔をだしてきた。

その姿《すがた》をみて、まぎれもないツキノワグマであることに気づいて、おどろいた。足音の軽快《けいかい》さにくらべて、予想外《よそうがい》のツキノワグマの出現《しゅつげん》に意表《いひょう》をつかれたのである。大きさはシェパードくらいなので、子どものツキノワグマだと思った。

「なーんだ、子どものツキノワグマがあるいてきたのか……」

それくらいに思いながら、さっそく、望遠《ぼうえん》レンズをかまえて、ボクは撮影《さつえい》をはじめた。

ツキノワグマまでの距離《きょり》は、ボクから七〇メートル。クマは、ボクの存在《そんざい》には気づいていなかった。林から林道へでたので、あたりをみわたして、安全確認《あんぜんかくにん》をしているところだった。

しかも、いましがた、林道をジープがのぼっていったから、もう車はこないものと、安心しきっているようすでもあった。

そうしているうちに、子どもだとばかり思っていたクマの横《よこ》から、ほんものの子グマが顔《かお》をだしてきた。母グマの、あまりにも小さな姿《すがた》をみて安心しきっていたから、「子グマ」をみて、ボクは大いにあせったものだった。

●母グマと子グマ

一般《いっぱん》に、子づれのツキノワグマに出会うのは危険《きけん》だといわれている。七〇メートルの距離《きょり》を、このツキノワグマの母子《ははこ》は、どういう態度《たいど》にでてくるのだろうか、不《ふ》安《あん》だった。

さいわいなことに、ボクはカメラのファインダーをのぞいているだけだったから、からだを動かすのは指先《ゆびさき》だけだった。このため、まだクマには気づかれてはいなかった。カメラのシャッター音も、クマまではとどいていないようすだった。

数枚撮影《すうまいさつえい》したところで、母グマは林道《りんどう》にでようとして、動きはじめた。

このとき、思わずボクは、瞬間的《しゅんかんてき》に声をだしてしまった。

もうすこし撮影したかったから、クマには動いてもらいたくなかった。その動きをとめる意味《いみ》あいをこめて、

「ホウーイ」

と甲高《かんだか》く、のどで声をしぼりだしたのだった。

この声をきいた瞬間、母グマは、びっくりして尻《しり》もちをつくように、ビクンと立ちどまった。人間なんていないものと安心しきっているところへ、ボクの甲高い声

がしたものだから、母グマはあきらかにおどろき、狼狽《ろうばい》したのだ。

そのあと母グマは、鼻《はな》を上空《じょうくう》へつきだしてにおいをとりながら、耳を大きく直立《ちょくりつ》させた。においの方向《ほうこう》をさぐり、ボクが発《はっ》した声の位置《いち》を確認《かくにん》しようとしているようだった。

それでもボクは、ファインダーをのぞいたまま、身動《みうご》きひとつしなかった。このため、まだクマには、ボクの存在《そんざい》がつかめないようすだった。

声は、いちどだけだから、位置確認《かくにん》ができないまま、親子《おやこ》グマは林道《りんどう》へでようと、さらに行動《こうどう》を開始《かいし》した。この時点《じてん》で、ボクは、ふたたび先ほどとおなじく「ホホウーイ」と声をだしてみた。

ここで、ボクの位置が、親子グマには知れた。

しかし、先ほどのような、鼻や耳をつきだす確認のポーズをとることはなく、親子グマは林道をすばやく横切って、森へ姿《すがた》を消《け》した。ボクを襲《おそ》うという行動ではなく、まるで、こそこそとにげるような動きを示《しめ》したのである。そして、出会うまでは、かろやかな音を立てて行動してきたにもかかわらず、足音が、ぴたりととまっ

ていたのには、おどろいた。人間の存在《そんざい》を近くに感じとったクマは、このように、足音を消《け》して行動《こうどう》することを、このときはじめて知った。

この親子《おやこ》グマとの出会いが、じつは、ボクの野生ツキノワグマとのはじめての出会いでもあった。

●そのごボクは、たくさんのクマに出会った。おなじ場所《ばしょ》で写《うつ》したこのページのクマは、ぜんぶ異《こと》なる個体《こたい》だ。

それだけに、このときの出会いは、発見もたくさんあったと思っている。まず、クマは人間の存在《そんざい》を意識《いしき》していないときは、かすかながらも落ち葉をふむ足音をたてるということだった。しかも、それは体重や図体《ずうたい》のわりには、予想外《よそうがい》に小さな音であることがわかった。そして、近くに人間の存在を意識したときは、足音をぴたりと消《け》して行動《こうどう》できるということである。

さらに、ツキノワグマは、子グマと勘《かん》ちがいするくらい（イヌのシェパードくらい）の大きさでも、じゅうぶんに母親《ははおや》になれるということであった。これが本来《ほんらい》の野生ツキノワグマの正体《しょうたい》なのであろうが、予想《よそう》よりそれは、はるかに小さなものであった。

つぎに出会ったツキノワグマも、小さなものだった。

トラックや定期《ていき》バスのとおる車道《しゃどう》をはさんだ、対岸《たいがん》一五〇メートルのところに、そのツキノワグマはいた。ツキノワグマのいる対岸の斜面《しゃめん》と車道とのあいだには渓谷《けいこく》があったから、クマはまったく車道側《がわ》を警戒《けいかい》することもなく、もくもくと自分の行動をつづけていた。クマは、食事中《しょくじちゅう》だったのである。

五月下旬《げじゅん》の中央《ちゅうおう》アルプス山中。春の新緑《しんりょく》をむかえた山の斜面《しゃめん》で、ツキノワグマは山菜《さんさい》をたべていた。急斜面のガレ場《ば》をもくもくとあるき、地上に生《は》える新鮮《しんせん》な植物《しょくぶつ》をたべつづけていた。お尻《しり》ばかりをこちらにむけて行動《こうどう》しているものだから、ときにはふりむいてもらいたくて、ボクは渓谷《けいこく》をはさんで声をだしてみた。いつものように甲高《かんだか》く、相手《あいて》にもきこえるように、よくとおる声にしてみた。

しかし、そのツキノワグマは、まったく反応《はんのう》を示《しめ》さなかった。

おなじ斜面に相手がいれば野生動物も警戒《けいかい》するが、渓谷などをはさんでいると意外《がい》にも平気なのは、これまでにも、いろんな動物で経験《けいけん》していることである。それとおなじことを、このときのクマも行動で示《しめ》した。

大声をあげたり、車道を車がとおって騒音《そうおん》がしても、クマは、まったくマイペースで行動していた。こうした出会いもまた、はじめてだっただけに、ひとつの発見であった。そして、その姿《すがた》は、ここでもやはり、シェパード犬ほどの大きさだったことが印象的《いんしょうてき》だった。

●地面からのびでた新芽《しんめ》や山菜《さんさい》をとっている

●若葉《わかば》をたべる

「殺気《さっき》」をぶつける

ツキノワグマがあるくときは、ほんとうに小さな足音しかきこえない。大きな個《こ》体《たい》は体重が一〇〇キロ以上《いじょう》もあるのだから、さぞや足音も大きいだろうと、だれだって思うにちがいない。しかし、かれらの手足は、イノシシやカモシカのように蹄《ひづめ》ではなくて、肉球《にくきゅう》だ。その足で大きな音をだせというほうが、無理《むり》なことである。

そのツキノワグマが、人間の存在《そんざい》を意識《いしき》したときには、まったく足音をたてずにあるく。枯《か》れ葉《は》をふむ音すらも消《け》してあるくのだから、たいしたものだ。

それも、ボクから四メートルのところをあるいていても、音がしない。だから、暗闇《くらやみ》の森でクマと対峙《たいじ》するときには、どこにいるのか、こちらにはまったく予測《よそく》がつかないものなのだ。

クマのほうでも足音を消さなければならないと思って、慎重《しんちょう》に行動《こうどう》しているのだろう。その緊張《きんちょう》した行動が、たぶん、本人の「殺気《さっき》」につうじているらしく、姿《すがた》は

みえなくても、「いる」という気配《けはい》だけは、こちらにも伝《つた》わってくる。
だからボクも、さらにたしかな確認《かくにん》をとりたいから、全神経《ぜんしんけい》を耳目《じもく》に集中《しゅうちゅう》させてしまう。すると、ボクからの「殺気《さっき》」もでるから、クマにもそれがわかってしまうのだ。
こうして闇《やみ》の森で、「殺気」と「殺気」がぶつかりあったまま、おたがいのかけひきがはじまる。

●後ろ足の肉球《にくきゅう》。前足の肉球も右側にみえる

そういうときにかぎって、クマは自分を勇気《ゆうき》づけるみたいに、いきなり直径《ちょっけい》三センチくらいの生木《なまき》を折《お》って、威嚇《いかく》してくるのである。

「バッキーン」という、大きな音が、静寂《せいじゃく》の暗闇《くらやみ》から、突然《とつぜん》きこえてくる。正直《しょうじき》いって、この音には、思わずひるんでしまう。

それでもボクががんばって、さらに殺気《さっき》をおくりつづけると、こんどは「ブッフォー」と、鼻《はな》とも口ともつかないところから息《いき》を吐《は》きだしてくる。その迫力《はくりょく》はものすごく、鼻汁《はなじる》が四〜五メートルは飛《と》んできそうだ。

このような威嚇を何回もうけたが、こちらがひるまずにいると、やがてむこうで折《お》れるか、たちさっていくか、のどちらかとなる。

クマの気持《きもち》が折れて、カメラの前にでてきてくれれば、強力《きょうりょく》なストロボを何回発光《はっこう》しても平気な行動《こうどう》をとるから、そのごの撮影《さつえい》はほんとうにラクになる。こうした緊張感《きんちょうかん》のなかでも、かれらは、その場《ば》の学習だけは、ちゃんとおこたらないようだ。

咆哮《ほうこう》するツキノワグマ

「ウオォーン、ウオォーン、ウオォーン……」

ツキノワグマの咆哮《ほうこう》を、きいた。

すごい声である。夜の一〇時半ころ、だった。まっ暗闇《くらやみ》の林の中から断続的《だんぞくてき》に、三〇分近くも吠《ほ》えつづけていた。距離《きょり》にして、ボクから一〇〇メートルくらいのところだ。

ボクに対《たい》しての威嚇《いかく》なのだろうか、それとも、ほかのクマに対する咆哮なのだろうか、その区別《くべつ》はつかなかった。しかし、その声には、ライオンの吠えるような迫《はく》力《りょく》があった。腹《はら》の底《そこ》からしぼりだす、重くて大きな声だった。

とにかく、このような声は、はじめてきいた。クマが、このような吠え声をだすことも、はじめて知った。

その咆哮がきこえてきたのは、観光地《かんこうち》のど真《ま》ん中《なか》といってもよい場所《ばしょ》だった。

●暗闇《くらやみ》のなかで光るクマの眼《め》

●これから咆哮《ほうこう》しようとしているのだろうか？　からだに力《ちから》をいれている

遊歩道《ゆうほどう》と「あずま屋《や》」があり、そこから二〇〇メートルほど離《はな》れたところには、小さなホテルがあった。しかし、そんな環境《かんきょう》でも、信州《しんしゅう》の高原《こうげん》の観光地《かんこうち》の夜は、まっ暗闇《くらやみ》である。若干《じゃっかん》の街灯《がいとう》があっても、暗《くら》い林では、なにも役《やく》にたたない。

遊歩道とホテルとのあいだには、小高《こだか》い林がひろがり、その中から、たしかに闇《やみ》をつんざく咆哮がとどろいてきていた。その威圧的《いあってき》な底力《そこちから》のある声に、ボクは車の外へでる気にはなれず、車内《しゃない》で、じっと耳をすましているだけだった。

ホテルなどのお客さんには、咆哮がきこえていたのだろうか？　このような自然《しぜん》のなかへ入りこんでくる、ほとんどの観光客《かんこうきゃく》は、野外《やがい》での声やにおいなどには鈍感《どんかん》な人たちがおおいから、それは疑問《ぎもん》だった。

長いあいだ断続的《だんぞくてき》になくものだから、しばらくきいていたあとに、録音《ろくおん》することを思いたった。そして、暗《くら》い車の中で手さぐりで機材《きざい》をさがしてセットし、さあ録音の準備《じゅんび》となったところで、なきやんでしまった。迫力《はくりょく》のある咆哮《ほうこう》を記録《きろく》することはできなかったが、いい経験《けいけん》をした。

翌朝《よくあさ》になって、クマが吠《ほ》えていたあたりをみまわってみた。

しかし、林にはなんの痕跡《こんせき》もなかった。そのまま周囲《しゅうい》をひろく探索《たんさく》してみたが、咆哮《ほうこう》につながるようなものは、なにもみつからなかった。……が、その途中《とちゅう》で、ひとりの青年《せいねん》に出会った。

青年は、クマが吠えていたところから、ちょうどボクの反対側《はんたいがわ》に位置《いち》する小さな尾根《おね》をこえた場所《ばしょ》にいた。遊歩道《ゆうほどう》を一五〇メートルほど進んだところにある「あずま屋」で、寝袋《ねぶくろ》をかぶってねていたのである。あずま屋のわきには、オフロードバイクがおいてあり、あきらかに昨夜《さくや》から、そこに泊《と》まっていたのだった。

ガ「あなた、昨夜からここにいた……の?」

青「はあー、ねてました……が」

ガ「昨夜、そこでクマが大きな声だして吠えていたけど、きいた?」

青「えっ、それって、マジっすか?」

ガ「うん、三〇分ばかり大きな声でないていた……けど」

「あなたは、何時ころから、ここにいた……の?」

青「八時ころ……から」

あれだけ大きな声が、青年《せいねん》にきこえていなかったのもふしぎだが、今日《こんにち》の若者《わかもの》には、そういう声をきき分けるだけの耳のチャンネルがないのかもしれない。しかも、あずま屋のある遊歩道《ゆうほどう》は、クマたちがとおる「けもの道」にもなっているはずだ。青年がねているわきを、クマが足音を消《け》して、とおりすぎていった可能性《かのうせい》もある。いや、クマはその遊歩道をとおりたかったけれども、青年がいたから、吠《ほ》えていたのかもしれない。

●クマは、足音をたてずに暗闇《くらやみ》をあるく

ツキノワグマの逆襲《ぎゃくしゅう》

温泉《おんせん》や保養施設《ほようしせつ》、高級別荘《こうきゅうべっそう》などで知られる長野県《ながのけん》の、とある有名《ゆうめい》な観光地《かんこうち》。森や林もおおく、自然度《しぜんど》の濃《こ》いこの観光地には、いくつものホテルが建《た》っている。そのホテルの一角《いっかく》に、ツキノワグマが毎晩《まいばん》やってきた。それも、大小あわせて一〇頭《とう》ものツキノワグマがきていたのだった。

ツキノワグマは、ホテルがすてた残飯《ざんぱん》に餌《え》づいてしまったからだ。おりから、夏の観光シーズンをむかえて、たくさんの観光客《かんこうきゃく》が泊《と》まるホテルでは、毎日、大量《たいりょう》の残飯がでてくる。宿泊客《しゅくはくきゃく》のたべのこしたこれらの残滓《ざんし》は、従業員《じゅうぎょういん》の手によってホテルわきにつくられた、特製《とくせい》のコンポスターにすてられていた。

ホテルなどの営業《えいぎょう》による残滓は、産業廃棄物《さんぎょうはいきぶつ》である。一般家庭《いっぱんかてい》の「生《なま》ゴミ」とは区別《くべつ》され、処理費用《しょりひよう》が割高《わりだか》でもある。このため、ホテル側《がわ》が大型《おおがた》のコンポスターをつくって、自家処理《じかしょり》を考えついたのだった。

その大型特製《おおがたとくせい》コンポスターは、ホテルのお客《きゃく》さんからはみえない、社長の自宅《じたく》近くの林縁《りんえん》につくられた。ここに、残滓《ざんし》をいれることを命《めい》じられた従業員《じゅうぎょういん》は、レストランからでてくる残飯《ざんぱん》を、毎日運んではいれていった。

やがて、コンポスターからは、腐敗寸前《ふはいすんぜん》のにおいが発生《はっせい》しはじめた。

そこへまずやってきたのは、タヌキだった。そして、キツネがやってくるころには、ツキノワグマもかぎつけていた。

特製コンポスターはFRP《エフアールピー》（ガラス繊維《せんい》）製《せい》だったから、ふたはかるい。従業員のなかには、そのふたをきちんと閉《し》めずにすてていくものもいた。こうして、しだいに残飯の味《あじ》を知った動物たちは「森のレストラン」とばかりに、毎晩、かよいつめるようになった。タヌキやキツネの頭数《とうすう》が増《ふ》えると同時《どうじ》に、ツキノワグマも、あれよあれよとばかりに、一〇頭もの個体《こたい》がやってくるようになってしまった。

それを知ったホテルの社長は、自宅の部屋からツキノワグマを観察《かんさつ》しはじめた。部屋から一五〇メートルくらいしか離《はな》れておらず、夜間《やかん》でもコンポスターがみえるように照明《しょうめい》をあてて楽しんでいたという。

●さいしょにやってきたのは、タヌキだった

●ツキノワグマがあらわれると、タヌキは遠慮《えんりょ》した

そんなツキノワグマを観察《かんさつ》しているうちに、社長《しゃちょう》は、コンポスターにクマがこないようにしたい、と思うようになった。残飯《ざんぱん》をたべにきたら、ひどいめにあうことがわかれば、ツキノワグマもこなくなるであろう、と社長は思案《しあん》した。

そこで、ツキノワグマのお尻《しり》を思いっきりたたく「ビンタ棒《ぼう》」をひねりだした。長さ五メートルほどの角材《かくざい》を、コンポスターわきにとめた小型《こがた》ショベルカーのキャタピラーにゆわえて、ゴムの反動《はんどう》で、力まかせにツキノワグマにビンタをくらわすというものだった。

その操作《そうさ》は、一五〇メートル離《はな》れた社長の部屋まで細いロープをひき、実行《じっこう》した。はじめは、なかなかうまくいかなかったようだが、やがて、何頭《なんとう》かのツキノワグマを角材でぶんなぐることができたそうだ。

しかし、ツキノワグマは、いっこうにへこたれず、ずうずうしくも毎晩やってき

た。そこで社長《しゃちょう》は、とうとう五寸釘《ごすんくぎ》を角材《かくざい》に打ちつけて、その釘で、クマを痛《いた》めつけてしまおうと考えた。これで、何頭《なんとう》かのクマは傷《きず》を負《お》わされ、なかには、前足に大きなダメージをうけ、ひきずってあるくものもいた。

ところが、このようなしうちをツキノワグマは、こころよく思わなかった。その怒《いか》りを、かたわらにとめてあったパワーショベルカーへとむけた。ショベルカーによじのぼり、運転席《うんてんせき》の窓《まど》ガラスをたたいて怒りをぶつけたのだった。

そんな行為《こうい》を目撃《もくげき》した社長は、以来《いらい》、なにをやってもダメなことに気づき、クマの「ビンタ」をやめたのだった。社長は、動物の観察《かんさつ》には素人《しろうと》ながらも、このような生身《なまみ》の観察から、クマも怒りを発《はっ》するものだということに気づいたようすだった。そして、仕返《しかえ》しもするのだということも理解《りかい》したのだった。

そんなツキノワグマ出現《しゅつげん》の噂《うわさ》をきいて、ボクは、そのホテルへいった。残飯《ざんぱん》に餌《え》づいてしまっているツキノワグマを写《うつ》すのも、自然界《しぜんかい》でおきている「いま」を記録《きろく》する意味《いみ》ではたいせつな仕事《しごと》だから、ボクは、どうしても撮影《さつえい》したかった。

社長《しゃちょう》は、撮影をこころよく許可《きょか》してくれた。しかし、クマが逆襲《ぎゃくしゅう》してくるという賢《かしこ》さまでは、そのときには教《おし》えてはくれなかった。

　ボクは、さっそく撮影現場《さつえいげんば》に足を運んだが、そこで、ショベルカーの運転席《うんてんせき》のガラスについた、クマの泥足《どろあし》の跡《あと》をみて、車の中からだけしか撮影できないことを、瞬時《しゅんじ》にさとった。クマがキャタピラーにのぼり、二階席《かいせき》にある運転室のガラスに泥足をつけることじたいが異常《いじょう》だったからだ。

　そこで、車をコンポスターから六メートルのところへとめて、窓《まど》ガラスを半びらきにしたすきまから、レンズをだして撮影することにした。ボクの車のすぐわきには、パワーショベルカーがとめられたままだった。

　そのわきにボクが車をとめても、クマは、警戒《けいかい》しないだろうと考えた。

　やがて、夕ぐれになり、林に暗幕《あんまく》がおりるように、とっぷりと暗《くら》くなったころ、ツキノワグマはやってきた。足音もたてずに、静《しず》かにやってきて、いきなりコンポスターにとりついた。

　あきらかにクマ同士《どうし》の順位《じゅんい》があったり、顔《かお》みしりのなかま関係《かんけい》ができあがっているのもわかった。そして、ツキノワグマはめちゃくちゃ賢《かしこ》いし、愛嬌《あいきょう》のあるかわいらしい動物でもあることを、ここではじめて理解《りかい》することができた。

森に、順位《じゅんい》の高いクマがあらわれると、それだけで、順位の低《ひく》いクマたちにはわかってしまうところがある。その認識《にんしき》が、どのようにおこなわれているのかは、よくわからないが、弱いクマはその場《ば》をひくからだ。それは気配《けはい》なのか、わたしたちにはわからないテレパシーのようなものなのか、それとも、クマたちだけにきこえるような超音波的《ちょうおんぱてき》な合図《あいず》があるのかもしれない。

とにかく、なにを合図におこなわれているのか、弱いクマがすーっといなくなる

●ボクのほうをうかがいながら、クマはゴミをあさっていた

と、まもなく、大きな毛《け》づやのよいクマが出現《しゅつげん》してくるのだ。そんな大きなクマがでてくると、順位《じゅんい》の低《ひく》い小さめのクマたちは、近所にも寄《よ》らずに、どこかにたちさってしまうからふしぎだ。

また、兄弟《きょうだい》のようになかのいいクマもおり、二頭《とう》で餌場《えさば》にでてきては、なかよくたべていることがある。

こうした観察《かんさつ》から、かれらには、かなり遠くでも相手《あいて》を認識《にんしき》していると思えるところがある。賢《かしこ》いクマのことだから、かなり高度《こうど》な識別手順《しきべつてじゅん》があると思っていい。

車の中とはいえ、わずかな距離《きょり》にボクという人間がいるのに、クマは平気だった。なにかあったときには、すぐににげられるように警戒《けいかい》はしているのだろうが、なかなか堂々《どうどう》として残飯《ざんぱん》にくらいついていた。そんなクマの姿《すがた》を、車の屋根につけた大《おお》型《がた》ストロボで閃光《せんこう》をあびせながら、何枚《なんまい》も撮影《さつえい》した。カメラのモータードライブやシャッターの音が、クマにも、とうぜんきこえているはずなのに、にげだすクマは一頭もいなかった。

いったん餌《え》づいてしまったツキノワグマの大胆《だいたん》な行動《こうどう》には、こちらのほうが、ある意味ではおどろいてしまった。ボクがいるのを知りながら、コンポスターの上でいねむりをしていくのだから、ほんとうにこれで野生動物なのか……とふしぎな感《かん》じがした。しかし、これが、日本のツキノワグマのいつわらざる正体《しょうたい》かと思えば、興味《きょうみ》のほうが先にたつのだった。

夕がたから九時くらいまで、ひととおりの撮影《さつえい》がすむと、クマは、つぎの目的地《もくてきち》へ移動《いどう》したのか、ピタリとでてこなくなった。あたりには静寂《せいじゃく》がおとずれ、近くにクマがいるという殺気《さっき》もなくなった。

そこで、ボクも車の中で横になり、窓《まど》ガラスをしめて仮眠《かみん》をとっていた。

ところが、一時間くらいして、車がいきなりゆれる振動《しんどう》で目がさめた。そして、運転席《うんてんせき》をみると、なんと、助手席《じょしゅせき》のフロントガラスから車内《しゃない》をのぞきこむ、巨大《きょだい》なクマの顔があるではないか。

そのクマは、ボクのワゴン車のフロントへ前足をかけて、後ろ足だけでたちあがって、ねているボクをみていたのだった。それに気づいて、ボクもとびおきると、クマは、あわててむきをかえて森の闇《やみ》へと逃走《とうそう》した。

●2頭《とう》で、なかよく餌《えさ》をたべていた

郵便はがき

料金受取人払郵便

牛込局承認

8554

差出有効期間
2018年11月30日
(期間後は切手をおはりください。)

162-879C

東京都新宿区市谷砂土原町 3-5

偕成社 愛読者係 行

ご住所	〒□□□-□□□□ フリガナ	都・府・
お名前	フリガナ	お電話

ご希望の方には、小社の目録をお送りします。 [希望する・希望しない]

本のご注文はこちらのはがきをご利用ください

ご注文の本は、宅急便により、代金引換にて1週間前後でお手元にお届けいたしま
本の配達時に、【合計定価（税込）＋代引手数料 300 円＋送料（合計定価 1500 F
上は無料、1500 円未満は 300 円)】を現金でお支払いください。

書名		本体価	円	冊数	
書名		本体価	円	冊数	
書名		本体価	円	冊数	

偕成社 TEL 03-3260-3221 ／ FAX 03-3260-3222 ／ E-mail sales@kaiseisha.co.jp

＊ご記入いただいた個人情報は、お問い合わせへのお返事、ご注文品の発送、目録の送付、新刊・企
どのご案内以外の目的には使用いたしません。

★ ご愛読ありがとうございます ★
今後の出版の参考のため、皆さまのご意見・ご感想をお聞かせください。

の本の書名『　　　　　　　　　　　　　　　　　　　　　　　　　　　　』

年齢（読者がお子さまの場合はお子さまの年齢）　　　　　歳（ 男 ・ 女 ）

の本のことは、何でお知りになりましたか？
店　2. 広告　3. 書評・記事　4. 人の紹介　5. 図書室・図書館　6. カタログ
ェブサイト　8. SNS　9. その他（　　　　　　　　　　　　　　　　　　　　）

感想・ご意見・作者へのメッセージなど。

記入のご感想を、匿名で書籍の PR やウェブサイトの
想欄などに使用させていただいてもよろしいですか？　〔はい ・ いいえ〕

＊ ご協力ありがとうございました ＊

偕成社ホームページ　http://www.kaiseisha.co.jp/　Facebook もやっています！

以来《いらい》、朝まで、ボクは気をゆるめることなく車内《しゃない》ですごしたが、車内をのぞきこむクマのこの行動《こうどう》は、なにを意味《いみ》していたのだろうか。

あれが、もしテントだったら、クマの爪《つめ》で一瞬《いっしゅん》のうちにひきさかれていたかもし

れない。そして、テントだと暗闇《くらやみ》では視覚《しかく》もうばわれ、なすすべもなく、クマに翻《ほん》弄《ろう》されていたかもしれない。しかし、ボクはクマの行動《こうどう》をそこまで予測《よそく》していたから、テントをやめて、車内《しゃない》からの撮影《さつえい》をえらんだのだ。いくらクマの爪《つめ》が鋭《するど》いといっても、車のフロントガラスまでは割《わ》られないだろう。

ツキノワグマの撮影には、こういうこともあることを、じゅうぶんに考えなくてはならないし、ショベルカーのガラスについたクマの泥足《どろあし》というサインをみて、ボクも、そのごの行動をきめたのだった。

しかし、このような生《なま》ゴミ処理《しょり》は、やがて問題《もんだい》がおきてくるだろうことは容易《ようい》に予測《よそく》がついた。だから、社長《しゃちょう》に、これではマズイから早急《そうきゅう》に対策《たいさく》をねることを進言《しんげん》したのだった。社長もそのことには気づいており、ボクの撮影をさいごにコンポスターを撤去《てっきょ》した。

だが、こうして残飯《ざんぱん》の味《あじ》をおぼえたクマたちは、そのあとも、いろんな場所《ばしょ》へ出《しゅつ》現《げん》して、周囲《しゅうい》を恐怖《きょうふ》におとしいれてしまった。やがて、このうちの何頭《なんとう》かは、つぎつぎに射殺《しゃさつ》される運命《うんめい》にあった。

そのご、車をのりつけられないような地形《ちけい》では、クマの自動撮影《じどうさつえい》もよくやるようになった。センサーとカメラ、ストロボからなるシステムを山中《さんちゅう》に設置《せっち》して、自動《じどう》的《てき》に撮影できる装置《そうち》だ。この方法《ほうほう》は、クマがやってくればかくじつに撮《と》れる、きわめて有効《ゆうこう》なやり方だった。

あるとき五か所《しょ》に、この装置を設置したことがある。撮影は順調《じゅんちょう》にいって、何カットものツキノワグマの姿《すがた》をとらえることができた。それらのカットには、大きなクマから痩《や》せた小さなものまで、いろんな体形《たいけい》をしたクマたちが写《うつ》されていた。

ところが、ある日、カメラをみまわってみたら、五か所ともストロボだけが、ことごとく照射方向《しょうしゃほうこう》を変《か》えられていた。下をむいていたり、とんでもないそっぽをむいていたりした。はじめは人間の嫌《いや》がらせかなと思ったが、これは、クマがストロボをたたいたものだということがわかった。

こうしたことがおきたのは、クマをいじめたことのある人間の案内で、そこにカメラを設置《せっち》したからである。もともと「けもの道」のありかを教《おし》えてくれたのも、その人だった。三脚《さんきゃく》やストロボの周辺《しゅうへん》に、クマをいじめたその人のにおいがついて

●ウワミズザクラの幹《みき》についた
クマの爪跡《つめあと》

いたので、クマは怒《いか》ってストロボに平手《ひらて》うちをしたのだろう。

カメラに直接《ちょくせつ》手をださなかったのは、ストロボの閃光《せんこう》に意思表示《いしひょうじ》をしたのにちがいない。音より光に、ツキノワグマは反応《はんのう》したのだった。

この行為《こうい》をみても、クマは高度《こうど》な感情《かんじょう》をもち、行動《こうどう》にあらわすことがわかる。しかも、カメラを点検《てんけん》するボクの体臭《たいしゅう》を、いじめのなかまとして分析《ぶんせき》しているはずだから、ボクに対《たい》しては、よからぬ感情をいだいていたにちがいない。

第4章
フィールドノート②
小さな事件《じけん》の記録《きろく》

クマ、クロスズメバチの巣《す》を襲《おそ》う

伊那谷《いなだに》では、クロスズメバチを好《この》んでたべる習慣《しゅうかん》がある。これには、海に遠い地《ち》域《いき》だから、動物タンパクをえるために「昆虫《こんちゅう》」までたべて生きぬいてきたという、歴史的背景《れきしてきはいけい》がある。

だから、こと「ハチ」に関《かん》しては、たくさんのエキスパートがいる。

なかでも、クロスズメバチの巣《す》をみつけるだけでなく、女王バチと働《はたら》きバチまでもいっしょに生《い》けどりにしてきて、自分の庭先において、半野生状態《はんやせいじょうたい》で「飼育《しいく》」する技術《ぎじゅつ》をきそっている男たちが、いる。それは、山野《さんや》にあるクロスズメバチの巣を他人《たにん》にとられたくないがために、庭にもってきて飼育するという、欲深《よくふか》な発想《はっそう》から磨《みが》かれてきた技術でもある。

しかし、それらの技術をすべて会得《えとく》して達観《たっかん》した者のなかには、乱獲《らんかく》からこのハチを守るために、自宅の庭でたくさんの女王バチを羽化《うか》させて、山野へおくりこむことを生きがいにしている者たちも、いる。

目的《もくてき》はさまざまだが、そうしたなかまたちを観察《かんさつ》していて共通《きょうつう》していえることは、いい「ハチ飼《か》い」になることをめざしていることである。いいハチ飼いとは、「庭先のハチの巣《す》に、働《はたら》きバチがたくさん増《ふ》えて、元気よく餌《えさ》を運んでくる」ということを意味《いみ》している。すなわち、それは、働きバチの通《かよ》いをよくし、巣をどんどん大きくする飼育技術《しいくぎじゅつ》だ。

そんなハチなかまが、駒《こま》ヶ根《ね》高原《こうげん》には四人いる。


その四人が飼育しているクロスズメバチの巣を、ツキノワグマがつぎつぎに襲《おそ》っていった。夜になってクマは庭先にしのびより、通いのいい、元気なクロスズメバチの大きな巣を、ことごとく襲って、巣房《すぼう》の幼虫《ようちゅう》や蛹《さなぎ》をたべていったのである。

四人のなかには、民宿《みんしゅく》をやっているのが、ふたり。旅館《りょかん》を経営《けいえい》しているのが、ひとり。みやげもの店を経営しているのが、ひとり。このなかで旅館を経営している庭だけには、クマがやってこなかった。

●こわされたクロスズメバチの巣《す》

その理由《りゆう》は、イヌを放《はな》し飼《が》いにしているから、クマが敬遠《けいえん》して近づかなかったからである。つまり、マックがじゅうぶんに、その役割《やくわり》を果《は》たしたのだ。

●巣《す》をなおしているクロスズメバチ

●巣《す》は、出入り口をあけたトロ箱《ばこ》やトタンなどでおおわれている

●巣《す》の出入り口

●ドラム缶《かん》でモグラが地中の巣《す》を荒《あ》らすのを防《ふせ》ぐ

だからといって、庭のクロスズメバチを襲《おそ》われた人たちに、クマの出現《しゅつげん》を悪《わる》くいう者はいなかった（ただし民宿《みんしゅく》を経営《けいえい》している「モリやん」をのぞいて。モリやんにはあとで、もういちど登場《とうじょう》してもらおう）。

むしろ、ミツバチだけでなく、クロスズメバチもクマが襲《おそ》うことを知り、新たな発見をしたようだった。そして、通《かよ》いのにぶい、小さなクロスズメバチの巣《す》だけはクマも手をださなかったから、それをみて「クマがハチ飼《か》いの審査員《しんさいん》をやってくれた……」といって、笑《わら》っていた。

「これからは、クマに襲われるようなクロスズメバチを飼わなければダメだ……ぜ」ともいって、来期《らいき》の飼育《しいく》を誓《ちか》っているのだから、クマ対策《たいさく》を考慮《こうりょ》しながらハチ飼いは、さらに、つぎなる秘策《ひさく》をねることだろう。

そうはいっても、庭先をクマにあるきまわられるのもマズイということになり、捕獲檻《ほかくおり》が、まだのこっていたクロスズメバチの巣のそばにしかけられた。しかし、クマは、とうとう捕獲檻にはかからなかった。

捕獲檻の中には、ミツバチの蜜《みつ》がいれてあった。

その横をなんどもとおっていきながら、蜜に誘《さそ》われることなく、なんと、こんども、そのわきにあるクロスズメバチの巣《す》を襲《おそ》っていったのだった。しかも、一軒《けん》ではクマ対策《たいさく》として、夜間《やかん》には電灯《でんとう》をつけて、ラジオまでかけっぱなしにしておいたにもかかわらず……。

このような行動《こうどう》をみるかぎり、クマにも個体《こたい》による嗜好《しこう》のちがいのあることがわかる。三四ページで述《の》べたクマは、もっぱらオオマムシグサの球根《きゅうこん》ばかりをたべていた。近くにニホンミツバチの巣があるのに、クルミだけをたべ、蜂蜜《はちみつ》にはあまり興味《きょうみ》がないクマもいた。また、マスの養魚場《ようぎょじょう》で、死《し》にそうになった弱ったマスだけをひろいあげてたべていくクマもいた。

もちろん、こういうクマがいてていいのである。いや、いてくれなくてはこまる。

その昔、ある観光地《かんこうち》に出現《しゅつげん》したクマに、ボクは「コイおたく」と名づけたのがいた。このクマは、とにかくコイが好《す》きだった。

信州《しんしゅう》の観光旅館《かんこうりょかん》では、お客《きゃく》さんに「コイ料理《りょうり》」をよくだす。このために、生きたコイを清水《しみず》に泳《およ》がせておいて、肉味《にくあじ》をよくしてから料理をするのだ。

そんなコイに目をつけたクマがいて、毎晩《まいばん》やってきては池にとびこんで、コイを一匹《ぴき》だきかかえて、山へ帰っていった。

また、「ジュースおたく」のクマも、いた。あき缶《かん》だけを分別《ぶんべつ》して大きなビニール袋《ぶくろ》にいれて、ホテルのわきに山づみにしておいたら、そこに毎晩クマがやってくるようになった。そして、大きなビニール袋を藪《やぶ》の中までかかえていって、そこで袋をやぶり、ジュース缶を一本ずつ口にふくんでよろこんでいたものだ。

もちろん、このようなクマは「蜂蜜《はちみつ》」も、大好《だいす》きなのである。

人間にも、食事《しょくじ》に関《かん》しては好《す》き嫌《きら》いがあるみたいに、クマをはじめとする野生動物にも、そのようなことがいえるから、おもしろい。

こうして、クマ捕獲檻《ほかくおり》が駒《こま》ヶ根《ね》高原《こうげん》にもしかけられたが、結果的《けっかてき》に一か月以上もからぶりにおわったのである。そして、檻《おり》は片《かた》づけられようとしている。

●「おしおき放獣《ほうじゅう》」を目的《もくてき》としたクマの捕獲檻《ほかくおり》

●クマが入ると、檻《おり》の扉《とびら》がおちる。ドラム缶《かん》をつないだようなつくりなので、中でクマがあばれても傷《きず》つかない

ツキノワグマは怒《おこ》った

秋になると、なんだかそわそわする。キノコがとれるあてもないのだが、山にでかけたくなる。アトリエ（仕事場《しごとば》）からすぐ裏手《うらて》は、もう中央《ちゅうおう》アルプスの山肌《やまはだ》。どこをすすんでも、森と林がつづく。

そんな、あてもない山あるきをしていて、林道《りんどう》わきに生《は》えるサワグルミの木に、黒々とした「棚《たな》」があるのに気づいた。これは「クマ棚」ではないか。

クマ棚とは、ツキノワグマがドングリやクリなどの木にのぼって、木の上に小枝《こえだ》をしきつめてつくった棚のことをいう。樹上《じゅじょう》で小枝を折《お》りとっては枝についている実をたべ、のこった枝を尻《しり》の下にしいていく。何本もの小枝をたべながらしきつづけるから、クマがさったあとは棚状《たなじょう》になっている。

冬になって樹木《じゅもく》がすっかり落葉《らくよう》してしまっても、クマ棚は葉がついた状態《じょうたい》でのこるから、よくめだつ。クマに折りとられた枝だけは、葉がおちることなくついているからだ。こうした棚をみつけて、昔の猟師は、クマの冬眠穴をさぐって狩りをしていた。

クルミのクマ棚《だな》をみつけて、「そういえば、三年前にもあった」ことを思いだした。その記憶《きおく》がよみがえると、ほかにもクマ棚のあった場所が思いかえされた。そこで、三年前の記憶をたどって、あるいてみた。はじめのクルミの木から、七〇〇メートルほど離《はな》れたスキー場《じょう》わきにあるクルミの木にも、棚がみられた。さらに一キロほどいったウワミズザクラの木にも、やはりクマ棚はあった。黒く熟《じゅく》したウワミズザクラのあまい実《み》も、冬越《ふゆご》しをするためのだいじな食糧《しょくりょう》なのである。どうやらおなじクマが、一夜《いちや》にして移動《いどう》した痕跡《こんせき》といえた。

こうしたクマ棚を見ると、なんだかとてもうれしくなる。ひとしれず、近所《きんじょ》にクマがやってきて、自分の仕事《しごと》だけはちゃんとこなしていく。その現場《げんば》をだれも目撃《もくげき》した者はなく、痕跡だけをのこして、たしかにクマであることを教《おし》えている。

登山者《とざんしゃ》は、クマのことを親《した》しみをこめて、「山おやじ」という。クマ棚をみると、ボクは、そんな山おやじの小気味《こきみ》よい余裕《よゆう》が感じられて、うれしくなる。

●ウワミズザクラの木のクマ棚《だな》。折《お》りとった小枝《こえだ》をしきつめてある

●クリの木のクマ棚《だな》。街《まち》の夜景《やけい》を見物しながら食事？

そう思いながら、さわやかな気分でいたら、市内にあるホームセンターの店員《てんいん》の車が、クマに傷《きず》つけられたという情報《じょうほう》が入った。

さっそくでかけてみた。たしかに乗用車《じょうようしゃ》のフェンダーからボンネットにかけて、クマの泥足《どろあし》がのこっていた。話をきけば、中央《ちゅうおう》アルプスの山麓部《さんろくぶ》を走っていたら、いきなりクマが車を襲《おそ》ってきたという。

「クマが車を襲う」ことが、ボクには疑問《ぎもん》に思えた。もし、このようなことがじっさいにあるのなら、野生動物と人間の関係《かんけい》を問《と》いなおす必要《ひつよう》があるし、あらためて、いろんなことを考察《こうさつ》しなおさなければならない。そこで、店員のF《エフ》さんから、そのときの事情《じじょう》をくわしくきいてみることにした。

Fさんは、林道《りんどう》の前方をあるく動物のうしろ姿《すがた》が目に入ったという。その大きさからして黒い「イヌ」だ、と思ったらしい。その「イヌ」は、道路《どうろ》のど真《ま》ん中《なか》を、運転席《うんてんせき》にお尻《しり》をむけてあるいていた。そこで、Fさんがどんどん近づいたら、「イヌ」が道路の右端《みぎはし》によけてくれたから、そのわきをとおりすぎようとした。

そうしたら、「イヌ」がいきなりたちあがって車に手をかけて、ガリガリやりはじめたという。このときはじめて、この動物はイヌではなくて「クマ」だということが、F《エフ》さんにもわかったらしい。そこで、アクセルをいっぱいにふかして、一目《いちもく》散《さん》ににげ帰ってきたという。

この話をきいて、車をよくよく調《しら》べてみたら、なんと、右フェンダーの上のほうが、五センチばかりへこんでいるのがみえた。その理由《りゆう》をFさんにたずねたら、まったく身《み》におぼえがないという。

この「へこみ」こそ、クマに接触《せっしょく》した跡《あと》にちがいない。Fさんはおぼえがないらしいが、よけたのにもかかわらず車が接触したから、クマは怒《おこ》ったのだ。そうでなければ、野生のツキノワグマが、わざわざ車にむかってくる理由がない。それも、執拗《しつよう》にフェンダー付近《ふきん》を攻撃《こうげき》したらしい「泥足《どろあし》」の跡があった。

はたして、Fさんの車に爪《つめ》をたてたツキノワグマは、いまごろどうしているのだろうか。車のへこみぐあいから考えても、かなりの打撲傷《だぼくしょう》を負《お》っていることだろう。その痛《いた》みをいつまでもおぼえていて、山野《さんや》で乗用車《じょうようしゃ》をみるたびに襲《おそ》いかかってくるようなことがないように祈《いの》るのみである。

●F《エフ》さんの車が襲《おそ》われた現場《げんば》

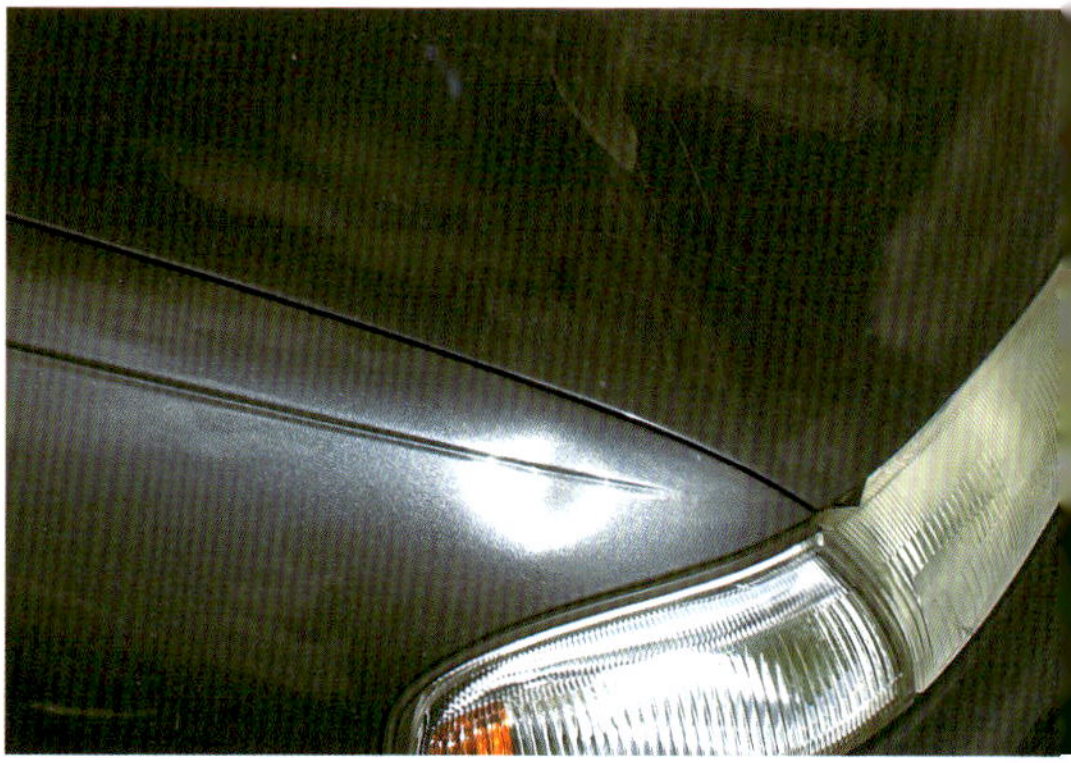
●フェンダーがへこんでいた

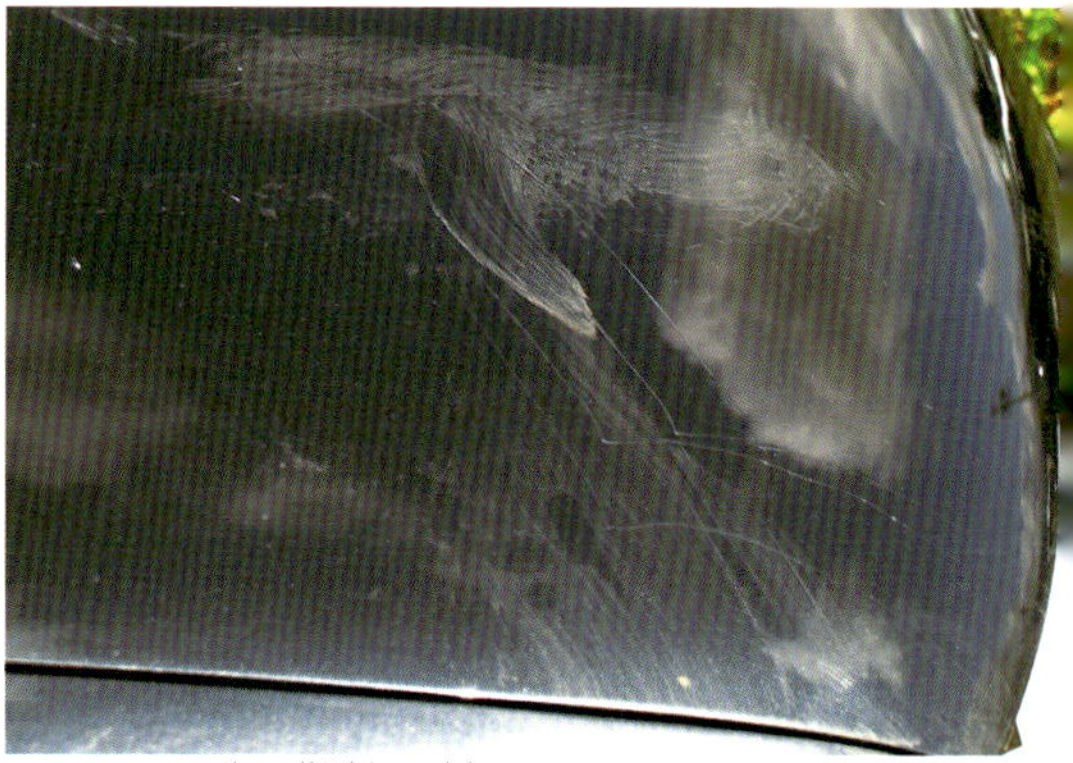
●クマの爪《つめ》と泥足《どろあし》の跡《あと》

現場《げんば》は、クマ棚《だな》から直線《ちょくせん》で四キロほど離《はな》れているだけだから、ボクのアトリエ付《ふ》近《きん》にもやってきている可能性《かのうせい》がある。

クマは昔から、童話《どうわ》の世界では、人間とはたがいに信頼《しんらい》しあうなかまだった。それが、いつのまにかボタンをかけちがえてしまって、凶暴《きょうぼう》な動物になってしまった。「山おやじ」と親《した》しみ、うまくつきあっていくには、それなりの知識《ちしき》が、現代人《げんだいじん》のわたしたちには必要《ひつよう》なのかもしれない。

第5章
なぜツキノワグマは、人を襲《おそ》うようになったのか？

人を守らなくなったイヌ

長野県《ながのけん》で、とうとうツキノワグマによる死亡事故《しぼうじこ》がおきた。地元紙《じもとし》によれば、「二〇〇四年八月一三日。長野県上水内郡信濃町《かみみのちぐんしなのまち》で、六一歳《さい》になる男性《だんせい》がクマに襲《おそ》われた。男性は、午後四時半ころイヌの散歩《さんぽ》に出かけたが、イヌだけが自宅《じたく》にもどり、飼《か》い主《ぬし》が帰宅《きたく》しなかった。このため、午後八時に捜索願《そうさくねが》いを出し、家人《かじん》が捜索中に用水路《ようすいろ》に転落《てんらく》している男性を発見した。男性はすでに死亡《しぼう》しており、顔《かお》や胸《むね》にクマの爪痕《つめあと》がのこり、即死状態《そくしじょうたい》で用水路に転落《てんらく》したらしい。現場《げんば》は、二〇〇〜三〇〇メートルのところに「道の駅」や住宅街《じゅうたくがい》がある。……」

信濃町は、長野県の北部《ほくぶ》にあり、新潟県境《にいがたけんざかい》にも近い。黒姫高原《くろひめこうげん》のある場所《ばしょ》でもあるから、クマの生息密度《せいそくみつど》は高いだろう。亡《な》くなられた方にはお気の毒《どく》だが、住宅地が近くにあっても、周辺環境《しゅうへんかんきょう》を考えると、じゅうぶんに注意しなければならない場所にちがいない。

記事《きじ》の中で、イヌだけが自宅《じたく》へ帰ってきたという点が気になったから、ボクは町《まち》役場《やくば》に電話をかけて、犬種《けんしゅ》の確認《かくにん》をしてみた。散歩《さんぽ》にでかけたイヌが、クマに対《たい》して、どのような行動《こうどう》をおこしたかに興味《きょうみ》があったからだ。柴犬《しばいぬ》や紀州犬《きしゅうけん》のような「日本犬」ならば、クマが出現《しゅつげん》しても、そうかんたんにはひるまないし、むしろ、主人を守るために、攻撃力《こうげきりょく》をそぐ戦《たたか》いをするだろうと思ったからだ。犬種は、ゴールデンレトリバーだった。やさしくて、賢《かしこ》くて、従順《じゅうじゅん》なことから、最近《さいきん》は、急速《きゅうそく》に飼育頭数《しいくとうすう》を増《ふ》やしている人気犬種である。

大きなイヌであるが、はたしてこのイヌは、クマに対して、どのような行動をとったのだろうか？　主人を守るどころか、みすてて、一目散《いちもくさん》ににげてしまった……のかも、しれない。あるいは、散歩中にクマの体臭《たいしゅう》を事前《じぜん》にキャッチしても、得体《えたい》のしれないものを警戒《けいかい》してたちどまったり、吠《ほ》えたりする回避行動《かいひこうどう》をおこさなかった可能性《かのうせい》もある。

そういえば、数週間前にも愛知県《あいちけん》で、イヌの散歩中に外来種《がいらいしゅ》のアライグマに襲《おそ》われて、飼《か》い主《ぬし》がけがをしたとのニュースがあった。このイヌの種類《しゅるい》は確認《かくにん》してないが、最近《さいきん》の「イヌ」は主人をも守れないような、軟弱《なんじゃく》なものばかりになってきているといっていい。

そればかりか、イヌというものは本来《ほんらい》、どうあるべき動物かもわすれてしまった飼《か》い主《ぬし》も、おおくなってきていると思う。

●クマが近づく前においはらうのがイヌの役目《やくめ》だ

111 なぜツキノワグマは、人を襲うようになったのか？

T《ティー》さん、クマに馬のりにされる

ツキノワグマによる殺人事件《さつじんじけん》は、おおくの人々に、ショックをあたえたようだ。けがくらいならともかく、人間が死《し》んでしまったのだから、やはりニュースをきけば、だれもが緊張《きんちょう》するであろう。T《ティー》さんも、そんなニュースをきいてこわがったひとりだった。Tさんは、二〇代後半《だいこうはん》。自衛隊《じえいたい》を除隊《じょたい》して、伊那谷《いなだに》にある会社に勤《つと》めている。自衛隊時代《じだい》からからだをきたえていたために、Tさんは毎日のジョギングを欠《か》かすことがなかった。

そのTさんのジョギングコースは、中央自動車道《ちゅうおうじどうしゃどう》の山側《やまがわ》を走る側道《そくどう》だ。車もほとんどとおらない道路《どうろ》だから、ジョギングするには最高《さいこう》に快適《かいてき》なのである。

しかし、そのコースには前々から、ツキノワグマの出没《しゅつぼつ》が伝《つた》えられており、Tさんも若干《じゃっかん》の不安《ふあん》があったようだ。そこで、ボクの知人でもある鉄砲撃《てっぽうう》ちの「タダさあ」に、クマと出会ったらどうすればいいだろうか……という、相談《そうだん》もしていたの

●T《ティー》さんが、クマに馬のりにされたジョギングコース

だった。

ところが、その矢先《やさき》に、T《ティー》さんはツキノワグマに襲《おそ》われてしまった。早朝《そうちょう》のジョギング中に、親子《おやこ》グマがあらわれて、Tさんを襲ったのだ。

藪《やぶ》からいきなりあらわれたクマは、Tさんに馬のりになってきたらしい。

一瞬《いっしゅん》のことであり、なにがなんだかわからないうちに馬のりになられたものだから、もう「死《し》ぬ」かと思ったらしい。必死《ひっし》で抵抗《ていこう》しているうちに子グマが二頭《とう》あらわれ、高速道路《こうそくどうろ》のフェンスをのりこえて高速道路側《がわ》ににげていったところで、親《おや》グマもフェンスをのりこえて子グマのあとをおった。

このすきに、T《ティー》さんは一目散《いちもくさん》ににげ帰ったらしいが、全身《ぜんしん》にたくさんのひっかき傷《きず》を負《お》ってしまった。高速道路がヤバイと思ったのか、親子《おやこ》グマがふたたびフェンスをのりこえて山の中ににげこむのを確認《かくにん》しながら、Tさんは走った……という。

長野県《ながのけん》の信濃町《しなのまち》でクマに人が殺《ころ》されてから、わずか数日ごに、自分が危機《きき》一髪《いっぱつ》の当事者《とうじしゃ》になろうとは、Tさんも考えてなかったらしい。

この一件《いっけん》以来《いらい》、Tさんはショックのあまりに、ゲッソリとやつれ、ジョギングどころではなくなってしまった。クマがあまりにも近所に生息《せいそく》しているという事実《じじつ》に、かなり精神的《せいしんてき》にまいってしまったらしい。

そして、クマなんて、この世《よ》からいなくなればいい、といいきるほど、ダメージをうけてしまったのだ。

音と光に動《どう》じない新世代《しんせだい》のクマ

ジョギング中のT《ティー》さんがクマに襲《おそ》われた現場《げんば》に、ボクはかねてから興味《きょうみ》があった。ここは、これまでにも毎年、クマの出没《しゅつぼつ》が伝《つた》えられており、そのたびに調査《ちょうさ》にきている場所《ばしょ》だからだ。

ボクの興味は、とくに現在《げんざい》の中央自動車道《ちゅうおうじどうしゃどう》の状況《じょうきょう》にある。

中央自動車道は山間地《さんかんち》を走り、カーブもおおいことから、はじめは交通量《こうつうりょう》も比較《ひかく》的《てき》すくなかった。しかし、二〇年ほど前から、東名高速《とうめいこうそく》のバイパスとして利用《りよう》する車もおおくなり、夜間《やかん》ともなれば、トラック街道《かいどう》となる。大型《おおがた》トラックが轟音《ごうおん》をたてて、ひっきりなしにとおっていく。その音は、近くできけば、ほんとうにすごい大音響《だいおんきょう》となる。

そんな高速道路の側道《そくどう》ぞいにあるクルミやクリの木に、クマが平気でのぼって餌《えさ》

●伊那谷《いなだに》を走る中央自動車道《ちゅうおうじどうしゃどう》。左側にバス停《てい》がみえる

をたべていくことが、ふしぎでならなかった。まさに、高速道路《こうそくどうろ》から一〇メートル、二〇メートルといった場所《ばしょ》に、野生のツキノワグマがでてきている、という事実《じじつ》である。

これまで、クマは、このような場所にはでてこない、と思われていた。ところが、今日《こんにち》では平気なのである。クマが笛《ふえ》や鈴《すず》の音《ね》におどろいてにげていくというのは、過去《かこ》の話。すくなくともボクが住む長野《ながの》県《けん》伊那谷《いなだに》では、それは、あてはまらないからだ。

●高速道路《こうそくどうろ》わきのクマ棚《だな》

●矢印《やじるし》①は、右ページの写真《しゃしん》のバス停《てい》。矢印②は、クリのたべ跡《あと》

●矢印《やじるし》は、クルミのたべ跡《あと》

ということは、クマも、かくじつに世代交代《せだいこうたい》をしていると考えなければならない。三〇歳《さい》、四〇歳のクマなんて、今日《こんにち》の自然界《しぜんかい》にはいない。高速道路《こうそくどうろ》の轟音《ごうおん》を母親のおなかの中で、胎教《たいきょう》としてそだったクマたちが、現代《げんだい》のクマたちなのだ。

動物たちのおおくが、穴《あな》で子そだてをしている。タヌキもキツネも穴だし、ツキノワグマだって、本来《ほんらい》は樹洞《じゅどう》や大木《たいぼく》の根元《ねもと》などにできた穴で子そだてをする。

このような穴は、きわめて集音力《しゅうおんりょく》にすぐれており、穴の中に外部《がいぶ》の音が、みごとに伝《つた》わっていくのである。

以前《いぜん》に、フクロウの巣穴《すあな》にマイクをいれて、外部の音がどのように伝わってくるのかを調《しら》べたことがある。すると、直線《ちょくせん》で二キロも離《はな》れた農家《のうか》のイヌのなき声から、郵便配達《ゆうびんはいたつ》のバイクの音までひろっていた。

また、フクロウの巣穴のまわりをあるくイノシシやシカ、ノウサギの足音は、マイクをとおして、ボクにもすべて区別《くべつ》できたから、それを日々《ひび》の仕事《しごと》にしているフクロウは、もっと鋭《するど》く情報《じょうほう》をキャッチしているものと考えられた。

フクロウとおなじことが、ツキノワグマにもいえる。

ツキノワグマは、岩穴《いわあな》や土砂崩落《どしゃほうらく》などによってできた穴、または樹洞《じゅどう》などにもって冬眠中《とうみんちゅう》に出産《しゅっさん》する。生まれた子グマは、母親《ははおや》とともに巣穴ですごすが、小さいなりに、外部からのさまざまな情報《じょうほう》をキャッチしている。

たとえば、ちょっとした車のエンジン音をきいても、母親が動《どう》じなければ、子グマもそれを「あたりまえ」のものとして、以心伝心《いしんでんしん》でうけついでいく。母親は、そのまた母親からうけついでいる。こうして現代社会《げんだいしゃかい》を学習しながら、新しい世代《せだい》が、つぎつぎに誕生《たんじょう》していくのである。

しかも、ツキノワグマは子そだてを、山奥《やまおく》でもやっていれば、思いのほか人間社会に近いところでもしている。とくに、里《さと》に近いところで生まれた子グマたちは、トラックの騒音《そうおん》や人間の話し声、足音なども一瞬《いっしゅん》のうちに学習して、成長《せいちょう》していくのである。

こうした事実《じじつ》を、知ろうとしないのが現代人《げんだいじん》たち。野生動物が、毎年誕生《たんじょう》してきている以上は、高速道路《こうそくどうろ》の騒音《そうおん》にも平気な個体《こたい》が、どんどん生産《せいさん》されていることに気づくべきなのだ（154ページ②③参照《さんしょう》）。

●ヒノキの大木《たいぼく》の地上《ちじょう》10mのところに、クマの巣穴《すあな》があった

●ヒナをだいているフクロウ（上）。ねむっているフクロウ（下）

むしろ、人間のほうが、昔のままの意識《いしき》で現代社会《げんだいしゃかい》を生きていることのほうが、滑稽《こっけい》でならない。自然界《しぜんかい》はかくじつに変化《へんか》しているのであって、そのことに早く気づくべきだろう。

だから、ジョギング中だったT《ティー》さんも、そのコースに、クマがクルミやクリの木にのぼって餌《えさ》をたべた痕跡《こんせき》のあることに、気づかなければならなかったのだ。クマが出没《しゅつぼつ》するサインをみおとしたまま、からだをきたえることだけを考えて日々《ひび》ジョギングしつづけることは危険《きけん》なことだからである。

Tさんは、車がひっきりなしに通過《つうか》している高速道路《こうそくどうろ》のわきだから、まさかクマなんてでてくるはずがないと、思いこんで走っていた。

Tさんを襲《おそ》ったクマの親子《おやこ》は、ふだんから、そこを生活の場《ば》にしていたのだから、クマたちは、ふつうの行動《こうどう》としてTさんの前にあらわれたにすぎない。そこへ、人間が走って近づいてくるものだから、母グマは子どもを守らなければならないという、クマ本来《ほんらい》の防衛本能《ぼうえいほんのう》から、襲わざるをえなかったのだ。

昔の人間ならば、そのような環境《かんきょう》にも、クマが出没するという予測《よそく》のもとに行動していたはずだ。その意味《いみ》でT《ティー》さんは、まさに自然界《しぜんかい》のしくみを知らなかった「新《しん》世代《せだい》」の人間、といわれてもしかたがない。

また、そのような現場《げんば》にきているクマも、車の騒音《そうおん》などおそれもしない「新世代」のクマだった。たとえTさんが、笛《ふえ》や鈴《すず》をならしていたとしても、襲《おそ》われたことだろう。

ふたたび、「おしおき放獣《ほうじゅう》」を考える

Tさんがクマに襲われた現場から、直線《ちょくせん》で二キロほどのところにも、クマがでてきていた。このクマは、マスを養殖《ようしょく》している「養殖池」に、毎晩《まいばん》やってきては、池のふちから手をいれてマスをつかみ、たべていた。職員《しょくいん》たちは、そのクマの存在《そんざい》に気づいていたが、静観《せいかん》していたのだった。

しかし、近くで人身事故《じんしんじこ》が発生《はっせい》したために、急遽《きゅうきょ》、このクマを捕獲《ほかく》することに決《き》めた。こうしてつかまったクマは、体重が五〇キロあまりの三〜四歳《さい》くらいの雄《おす》。T《ティー》さんを襲《おそ》ったのは親子《おやこ》グマだったから、あきらかに別個体《べつこたい》だった。

このクマは、その場で「おしおき放獣《ほうじゅう》」された。

おしおき放獣とは、前にも説明《せつめい》したように「とうがらし」などが入ったスプレーを、つかまえたクマの鼻面《はなづら》にふきかけ、いじめて山野《さんや》へ放《はな》すことだ。こうすることによって、野生のクマが人間界《にんげんかい》にやってくると、ひどいめにあうぞ、という「学習」をさせることに意味《いみ》があるらしい。いちどおしおきをされたクマは、ひどいめにあったことをおぼえていて、二度《にど》と人里《ひとざと》へはでてこない……という。

●耳に赤いタグがあるのは「おしおき放獣《ほうじゅう》」の印《しるし》。そのクマが二度《にど》ともどらないはずの人里近くのけもの道に、ふたたびあらわれた

おしおき放獣《ほうじゅう》は、野生のクマをなるべく殺《ころ》さずに、共存《きょうぞん》をはかりたいという関係《かんけい》者《しゃ》の、自然保護思想《しぜんほごしそう》にもとづく希望《きぼう》でもある。

日本のゆたかな自然環境《かんきょう》を象徴《しょうちょう》するツキノワグマの存在《そんざい》は、いうまでもなく貴重《きちょう》である。日本の自然界《しぜんかい》から絶滅《ぜつめつ》させるのではなく、永久《えいきゅう》に生きのこってもらいたい、とボクも人一倍強く願っている。だから、ツキノワグマのことをよく知ろうと、ボクはこれまで、山野《さんや》で独自《どくじ》な観察《かんさつ》や考察《こうさつ》をおこなってきた。

保護の声が高まるなかで、「おしおき放獣」とか「学習放獣」とよばれる再放獣《さいほうじゅう》を実行《じっこう》することが、ふつうのことになってきた。

しかし、この再放獣を全面的《ぜんめんてき》に悪《わる》いとはいわないが、すべてにおいて「ベスト」としてとらえられてしまうことには、疑問《ぎもん》を投《な》げずにはおられない。だから、その理由《りゆう》を、これから述《の》べてみたいと思う。

おしおき放獣を実行《じっこう》する人たちの考えには、クマを保護し、人間と共存《きょうぞん》するための方法《ほうほう》だから、とてもよいことをしているのだ、といった善意《ぜんい》の思いこみがある。このため、やっていることのすべてが「正しい」と思われてしまいがちだ。

しかし、その善意の行動《こうどう》が、ときには、とんでもなくマイナスな方向《ほうこう》にむかわないともかぎらないのだ。ようするに、ひとつの行動《こうどう》を遂行《すいこう》するのには、さまざまな結果《けっか》を考慮《こうりょ》した、複合的《ふくごうてき》な思索《しさく》がおこなわれる必要《ひつよう》があるということだ。

たとえば、捕獲《ほかく》したツキノワグマを殺《ころ》さずに「おしおき」をして放《はな》せば、生命《せいめい》は守られるわけだが、そのごクマが、人間を逆《さか》うらみしないともかぎらない。

人間側《にんげんがわ》は、とうがらしスプレーをクマにあびせるとき、「人間とはひどい動物だから、人間の住《す》む近所《きんじょ》には、こんご二度《にど》とでてきてはいけないぞ…」といった「善意の願《ねが》い」からだけで、すべてをおこなっていると考えていることだろう。

しかし、これは、クマの側《がわ》にとってみれば迷惑《めいわく》なことだし、納得《なっとく》のいかない個体《こたい》だっているはずだ（その証拠《しょうこ》が125ページの写真《しゃしん》のクマ）。そういうクマが、人間に対《たい》する憎悪《ぞうお》をためこんだまま再放獣されたあと、人をぜったいに襲《おそ》わないとは、だれも断言《だんげん》できない。それは、クマ自身《じしん》にきいてみなければ、わからないことだからである。

子イヌは、人にいじめられれば、それを一生《いっしょう》おぼえている。たとえば、郵便屋《ゆうびんや》さ

●クマの鼻《はな》の穴《あな》。イヌよりも鼻がきく

んにけとばされれば、そのときのバイクのエンジン音まで、瞬時《しゅんじ》におぼえてしまう。こうした経験《けいけん》をもとに、子イヌはおなじ型《かた》のバイクや、体形《たいけい》の似《に》ている人には敵意《てきい》をむきだしにして、そのごも吠《ほ》えかかるようになる。

　イヌだってこのくらいの能力《のうりょく》があるのだから、ツキノワグマは、もっと賢《かしこ》いと考えなければならない。嗅覚《きゅうかく》だって、イヌ以上《いじょう》にすぐれているからだ。だから、おしおき放獣《ほうじゅう》にかかわった関係者《かんけいしゃ》の体臭《たいしゅう》や声音《こわね》まで、クマは記《き》憶《おく》することだろう。

●クマの爪《つめ》

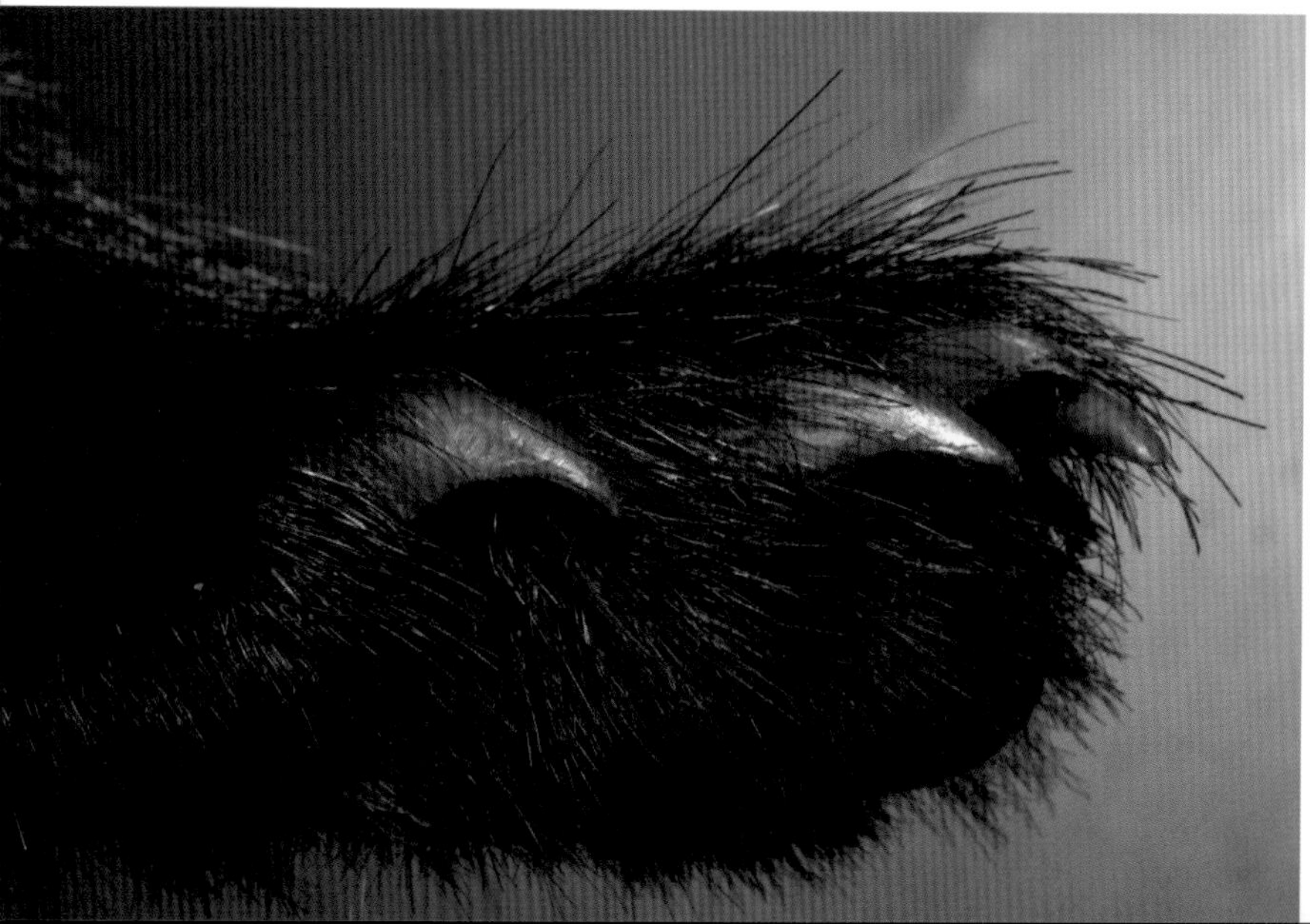

その体臭《たいしゅう》には、タバコや洗髪《せんぱつ》シャンプー、衣服《いふく》の洗剤《せんざい》のにおいまでまじっている。それらすべてを、瞬時《しゅんじ》に学習していると考えなくてはならない。そして、いじめられれば、その恐怖《きょうふ》を「憎《にく》しみ」に変《か》えることだってある。こうして、おしおきされたクマが、そのままふたたび山野に放《はな》たれると、人間を一生憎《いっしょうにく》みつづけるクマにならないともかぎらない。いわば、「手負《てお》いグマ」となるのである。

こう考えてみると、「おしおき放獣」は、それがきく個体《こたい》には一定《いってい》の効果《こうか》があると思うが、逆効果《ぎゃくこうか》の個体だって、とうぜんいるわけである。ツキノワグマのすべてが、人間の期待《きたい》どおりに、そのごも行動《こうどう》してくれるとはかぎらないからだ。

つぎに、期待に反《はん》したクマの行動の例《れい》をあげてみよう。

二〇〇五年六月一四日に長野県上伊那郡宮田村《ながのけんかみいなぐんみやだむら》で捕獲《ほかく》された雄《おす》グマは、年齢《ねんれい》一〇歳《さい》、体重一〇五キロ。「おしおき放獣《ほうじゅう》」をしたさいに、山へにげるどころか、関係者《かんけいしゃ》に猛然《もうぜん》とむかってきた。

なんとこのときは、捕獲《ほかく》したクマをおしおきして放《はな》すところをみせるために、マスコミ各社《かくしゃ》が、そのようすをテレビカメラで撮影《さつえい》しているときだったのだ。関係者《かんけいしゃ》は車にのったまま、窓《まど》から棒《ぼう》などで檻《おり》（99ページ参照《さんしょう》）をたたいたり、ついたりして、クマに人間のこわさを「学習」させようとしていた。なかなか麻酔《ますい》がさめないのか、それとも、檻の中で間《ま》あいをはかっていたのか、クマはすぐには姿《すがた》をみせなかったが、突然《とつぜん》とびだしてくると、いきなり車に襲《おそ》いかかってきた。ドアに二度もいどみかかり、車の周囲《しゅうい》をひとまわりすると、ふたたび襲いかかろうとした。関係者《かんけいしゃ》が必死《ひっし》にとうがらしスプレーをかけつづけると、クマはようやく山へ退散《たいさん》したのだった。

この一部始終《いちぶしじゅう》を、長野県のテレビ局がニュース番組の中で放映《ほうえい》した。その結果、県民のおおくが「おしおき放獣《ほうじゅう》」の危険性《きけんせい》を知るところとなった。

また、知りあいのある研究者《けんきゅうしゃ》は、延《の》べ六頭《とう》のクマに発信機《はっしんき》をつけて、その行動《こうどう》をおったことがある。

そのなかの一頭が、捕獲《ほかく》ごに発信機などのセットもおわり、麻酔《ますい》が切れかけたところで、山にはむかわずに、よたよたとしながらも関係者《かんけいしゃ》にむかってきたという。

そこで、全員《ぜんいん》が車に避難《ひなん》して、ようすをうかがっていたら、しばらくしてクマは山に帰っていったとのこと。そして、数時間《すうじかん》して、夜間《やかん》に山小屋で発信機《はっしんき》の電波《でんぱ》の確《かく》認《にん》をしていたところ、そのクマが、関係者のいる山小屋へむかって、どんどん近づいてきて、小屋の周囲《しゅうい》をしばらくまわって待機《たいき》していたそうだ。

この行動《こうどう》は、「おしおき」した関係者《かんけいしゃ》を確認《かくにん》するためか、ないしは、逆襲《ぎゃくしゅう》のためにクマがとっていた行動にちがいないと判断《はんだん》できる。

人間にも十人十色《じゅうにんといろ》があるように、クマにも、いろいろな性格《せいかく》や個体《こたい》がいるということを理解《りかい》するべきだろう。そうした理解がないまま、ただ漠然《ばくぜん》と「おしおき放《ほう》獣《じゅう》」のすべてが正しいと、だれもが考え、疑問《ぎもん》をはさまないで実行しつづけることは、将来《しょうらい》に大きな問題《もんだい》をのこすことにはならないだろうか。

●暗闇《くらやみ》で吠《ほ》えるクマ

133　なぜツキノワグマは、人を襲うようになったのか？

たいせつなのは、ツキノワグマをはじめとする日本の自然《しぜん》を、きちんとみとどけることであって、善意《ぜんい》の思いこみが自然をみる目を曇《くも》らすようなことがあれば、そのリスクは、あまりにも大きすぎるような気がする。

ましてや、行動調査《こうどうちょうさ》をするために捕獲《ほかく》したクマの首に発信機《はっしんき》がついているうちは、あるていど、そのクマの行動がわかるから、人間がクマに襲《おそ》われる前に、対策《たいさく》もたてることができるだろう。だが、じっさいは、有害駆除《ゆうがいくじょ》などの名目《めいもく》で捕獲されたクマは、漠然《ばくぜん》と再放獣《さいほうじゅう》されてしまうことのほうがおおいのだ。

しかも、それらのクマのなかには、捕獲されたことがあるという目印《めじるし》をつけないまま、放《はな》たれてしまうことだってある。そうしたクマが、人間を逆《さか》うらみして襲《おそ》ったとしても、目印がついていなければ、逆うらみかどうかもわからない。

だから、これまでのクマによる人身事故《じんしんじこ》のなかには、再放獣されたクマが、逆うらみして人を襲った可能性《かのうせい》も考えられるのだ。

長野県《ながのけん》では二〇〇二年から「おしおき放獣」を積極的《せっきょくてき》におこなってきている。しかし、初期《しょき》の段階《だんかい》から、かならず耳などに目印をつけて再放獣してきたわけではない。それを、かくじつにやっていれば、人身事故の因果関係《いんがかんけい》が、いまごろは、あるていど予測《よそく》することもできたにちがいない（139ページの表《ひょう》を参照《さんしょう》）。

また、「とうがらしスプレー」をかけたときから、「おしおき」とみなす関係者《かんけいしゃ》がいるが、もっとクマの側《がわ》にたって、ふくざつに思考《しこう》を働《はたら》かせなければならないと思う。捕獲《ほかく》されたクマは、麻酔《ますい》をうたれ、それがさめてから「とうがらしスプレー」で学習がほどこされる。しかし、クマは麻酔をうたれる以前《いぜん》から、あらゆる角度《かくど》で人間社会を学習していることをわすれてはならないだろう。

檻《おり》に近づいてくる車のエンジン音から、足音、ズボンやシャツの洗濯洗剤《せんたくせんざい》や整髪《せいはつ》料《りょう》、シャンプーのにおいまで、クマは瞬時《しゅんじ》に記憶《きおく》にとどめていくからである。

こうした学習のあとに「おしおき」があるのだから、逆《さか》うらみをするクマだったら、山野《さんや》で人間と出会ったときに、シャンプーなどのにおいをかいだだけで怒《いか》りがこみあげてきて襲《おそ》わないともかぎらない。クマは、本来《ほんらい》なら、おしおきした当人《とうにん》をねらいたいところだが、おなじ銘柄《めいがら》のシャンプーや洗剤のにおいのほうが強いので、逆上《ぎゃくじょう》して、人ちがい襲撃《しゅうげき》だってじゅうぶんに考えられるからだ。

●こんな姿勢《しせい》をしてみた

このような洗剤《せんざい》やシャンプーなどは、銘柄《めいがら》がたくさんあるものではない。おなじ銘柄を、多数《たすう》の人間が使用しているのである。

今回《こんかい》、マスの養殖池《ようしょくいけ》にでてきていたクマも、イヤータグがつけられないまま放獣《ほうじゅう》された。その場所《ばしょ》は、まさにボクのフィールド内で

●それをみて、クマがまねた。クマは頭《あたま》がよい

あり、おおくの観光客《かんこうきゃく》もやってくる、高原《こうげん》の一角《いっかく》である。

クマと人間との異常接近《いじょうせっきん》からくる「人身事故《じんしんじこ》」が、ここ数年間で、あまりにもおおいような気がしてならない。事故の一部《いちぶ》には、このような、おしおきされたクマがかかわっている可能《かのう》性《せい》も考えられる。

データが語《かた》ること

ここに、一九九五年から一〇年間の、長野県《ながのけん》でのツキノワグマの捕獲個体数《ほかくこたいすう》（有害獣駆除《ゆうがいじゅうくじょ》）、おしおき放獣《ほうじゅう》（学習放獣）、人身事故《じんしんじこ》などの推移《すいい》データがある。

長野県では、二〇〇四年度の一年間で、ツキノワグマは一一二頭《とう》が捕獲《ほかく》された。このうち、「おしおき」などで再放獣《さいほうじゅう》されたのは四九頭。狩猟《しゅりょう》による捕獲は、わずかに二〇頭にすぎず、九二頭が有害獣駆除《ゆうがいじゅうくじょ》による捕獲だった。

有害獣駆除というのは、農作物《のうさくぶつ》に被害《ひがい》をあたえたものや、人家付近《じんかふきん》へ出没《しゅつぼつ》したクマを有害獣として捕獲することだ。狩猟とあわせると、一九九八年をのぞいて、コンスタントに一〇〇頭をこえている。一九九九年は二〇〇頭をこえているが、二〇〇一年にも高い数値《すうち》を示《しめ》している。

おしおき放獣は、二〇〇二年から実施《じっし》されているが、年々《ねんねん》数値があがっている。そして、人身事故《じんしんじこ》も二〇〇二年から高水準《こうすいじゅん》を維持《いじ》している。

これが、学習放獣《がくしゅうほうじゅう》の結果《けっか》なのかは、まだ解明《かいめい》されていないが、おしおきされたことのあるクマが、着実《ちゃくじつ》に野外《やがい》に増《ふ》えていることだけはたしかだ。そして、このことの推移《すいい》をみまもらなければならないだろう。

	捕獲個体数《ほかくこたいすう》	狩猟《しゅりょう》	合計《ごうけい》	おしおき放獣《ほうじゅう》	人身事故《じんしんじこ》 負傷者《ふしょうしゃ》	人身事故《じんしんじこ》 死亡者《しぼうしゃ》
一九九五年	六〇	四八	一〇八	〇	三	〇
一九九六年	一二五	二一	一四六	〇	一	〇
一九九七年	七一	三一	一〇二	〇	三	〇
一九九八年	五五	二七	八二	〇	六	〇
一九九九年	一八四	三三	二一七	〇	三	〇
二〇〇〇年	九九	二七	一二六	〇	四	〇
二〇〇一年	一五四	二七	一八一	〇	六	〇
二〇〇二年	九九	四一	一四〇	一三	九	〇
二〇〇三年	七一	三一	一〇二	四一	七	〇
二〇〇四年	九二	二〇	一一二	四九	八	一

●長野県《ながのけん》のツキノワグマ捕獲個体数《ほかくこたいすう》などの推移《すいい》

ほんとうにツキノワグマは減《へ》っているのか？

最近《さいきん》、ツキノワグマを語《かた》るときに、かならずつぎのようなことがいわれる。
「森林《しんりん》の乱開発《らんかいはつ》で、ヒノキやカラマツなどの針葉樹林《しんようじゅりん》がひろがりすぎてしまった。針葉樹を植林《しょくりん》しすぎて、実のなる植物《しょくぶつ》が減《へ》ったから、たべるものがなくてツキノワグマは人里《ひとざと》近くへおりてきたのだ」、という説《せつ》だ。

こういう話を、いきなりうのみにしてしまってはいけない、と思う。

ニホンカモシカやニホンジカ、イノシシ、ニホンザルが、ここ四〇年ほどのあいだに、かくじつに増《ふ》えてきている。これに対《たい》して、ツキノワグマだけが減少《げんしょう》しつづけている、とは思えないからだ。

写真家《しゃしんか》としてフィールドで、この四〇年間を体験《たいけん》してきていると、ツキノワグマに遭遇《そうぐう》することは、かくじつに増えてきている。四〇年前と今日《こんにち》では、ツキノワグマと出会うことは桁《けた》ちがいにおおいし、生息痕跡《せいそくこんせき》も、よくみる。それも、山奥《やまおく》から

●クマの糞《ふん》。たくさんの山の木の種《たね》がみえる

人里《ひとざと》まで、ツキノワグマの痕跡《こんせき》は、まんべんなくひろがっている。

このような現象《げんしょう》は、ニホンカモシカでも肌《はだ》で感《かん》じてきたことである。

長野県《ながのけん》を例《れい》にとるならば、一九六〇年代前半《ねんだいぜんはん》のころまでは、ニホンカモシカは絶滅寸前《ぜつめつすんぜん》といわれていた。マスコミも一般大衆《いっぱんたいしゅう》も、おおくの人が、それを信《しん》じていた。そして、一九六〇年代後半《ねんだいこうはん》には、国有林《こくゆうりん》が大伐採《だいばっさい》され、それにつづくように、奥地《おくち》の民有林《みんゆうりん》などにも、カラマツなどの針葉樹《しんようじゅ》が大量《たいりょう》に植《う》えられていった。

ちょうど、このころから、ニホンカモシカが随所《ずいしょ》で目撃《もくげき》されるようになってきた。幻《まぼろし》といわれていたニホンカモシカが、だれにでも目撃できるようになったから、アマチュアカメラマンが動物写真《どうぶつしゃしん》をさいしょに学ぶときの、格好《かっこう》のモデルにもなるくらいだった。そして、一九七〇年代後半には、人里へもニホンカモシカはどんどん出現《しゅつげん》して、ときには植林地《しょくりんち》で食害《しょくがい》をおこすまでになった。

それをみて、一部《いちぶ》の学者《がくしゃ》は「奥山《おくやま》を伐採したから、カモシカはおわれて、里山《さとやま》までおりてきた」という説《せつ》をうちだした。しかし、「伐採したことによって、ニホンカモシカが増《ふ》えたから、あふれたものが里山まで進出《しんしゅつ》してきたのだ」という学者もいた。ふたつの意見《いけん》を、いまとなって検証《けんしょう》すれば、後者《こうしゃ》の意見が正しかった。

国有林《こくゆうりん》などを何百、何千ヘクタールと皆伐《かいばつ》してしまえば、それまで土中《どちゅう》にねむっていた樹木《じゅもく》や草の種子《しゅし》が、いちどに芽《め》ぶいてくる。そして、裸《はだか》になった大地《だいち》に、新しい森をつくりあげようと、植物《しょくぶつ》たちは、いっせいに競争《きょうそう》をスタートさせるから、草食動物《そうしょくどうぶつ》のニホンカモシカには「植物レストラン」が、あちらこちらにできあがった状態《じょうたい》となる。これらの植物レストランで、ニホンカモシカたちは居《い》ながらに食事《しょくじ》をして、どんどん、そのかずを増《ふ》やしていく。

人間の手による森林《しんりん》の皆伐を、カモシカたちはある意味《いみ》では、よろこんでいたのだった。そして、四〇年たったいま、これらの植林地《しょくりんち》では、なおも樹木《じゅもく》がその一生《いっしょう》をまっとうすべく、生育中《せいいくちゅう》である。しかも、植林はしたものの、そのごの手入れはまったくなされていないから、樹木たちは自然《しぜん》そのもので、自由に繁茂《はんも》しつづけている。

こうした伐採《ばっさい》と植林《しょくりん》の影響《えいきょう》を背景《はいけい》に、ニホンカモシカもニホンジカもイノシシも、そしてニホンザルも、かくじつに増えてきた。中央《ちゅうおう》アルプスのニホンザルなんて、

●ヤマブドウ、マツブサなどのツルがおおう、カラマツ林の林縁《りんえん》

●林の中にもツル植物《しょくぶつ》がみられる

四〇年ほど前（一九六〇年代後半《ねんだいこうはん》）までは、ひとつの群《む》れが四〇頭前後《とうぜんご》だった。それが今日《こんにち》では、一〇〇頭以上《とういじょう》に、群れそのものの個体数《こたいすう》が増《ふ》えている。そして、その群れがさらに分裂《ぶんれつ》しながら、農作物《のうさくぶつ》などを荒《あ》らしまわっているのが現状《げんじょう》なのだ。

クマも、例外《れいがい》ではないのである。

長野県《ながのけん》などは、植林面積《しょくりんめんせき》のおよそ九〇パーセントをカラマツ林《りん》にした。それらを手入れしないまま、四〇年間も放置《ほうち》すれば、植林地内《しょくりんちない》の植物群《しょくぶつぐん》だって多種多様《たしゅたよう》になってとうぜんだ。果実《かじつ》がみのるヤマブドウやマツブサ、サルナシだって、場所《ばしょ》によってはおどろくほどに繁茂《はんも》している。広大《こうだい》なカラマツ林の林床部《りんしょうぶ》には、季節《きせつ》によってキイチゴ類《るい》をはじめ、液果《えきか》もたくさんある。そして、土中《どちゅう》には、アリやクロスズメバチの巣《す》も、たくさんみられる。

これらのものは、みんな、ツキノワグマの大好物《だいこうぶつ》だ。

クマは、ドングリやクリなどの木の実だけをたべているわけではない。クマは、じつにいろいろなものをたべる。カラマツ林《りん》にしてしまったことが、クマの生活に、すべてマイナスになっているとは思えない。なによりも、カラマツ林は広大《こうだい》な面積《めんせき》

●アオハダの実《み》

●ウワミズザクラの実

●クルミの実

●サルナシの実

●キイチゴの実

●クリのたべ跡《あと》

●糞《ふん》を洗《あら》うと、いろいろの木の実の種《たね》がでてきた

●カビが生《は》えた古い糞

●新しい糞

を占《し》めている。そこにあるクマの食糧《しょくりょう》となるものを、かぞえあげてみることも必要《ひつよう》ではないだろうか。

ニホンジカやニホンカモシカ、イノシシは、山野《さんや》の林床部《りんしょうぶ》を生活の場《ば》としながら増《ふ》えつづけているが、ニホンザルは、地上《ちじょう》から樹上《じゅじょう》までの森の空間《くうかん》を、立体的《りったいてき》に利《り》用《よう》しながら増えてきた。ほかの動物たちは、のきなみ増えているのに、ニホンザルとおなじように、森を立体的につかうツキノワグマだけが、減少《げんしょう》しているということは考えられないことだからである。

ツキノワグマの増加《ぞうか》の動きは、カモシカがいっせいに増《ふ》えてきた時期《じき》をボクはみてきただけに、それと似《に》た動きをしていると思う。植林《しょくりん》して三〇～四〇年がたち、木が成長して森を形成《けいせい》しはじめたので、カモシカからおくれてクマの活動期《かつどうき》がやってきたのだ、と考えるべきだろう。

ツキノワグマとの共存《きょうぞん》は可能《かのう》か

前にも述《の》べたように、長野県伊那谷地方《ながのけんいなだにちほう》には、クロスズメバチをたべる習慣《しゅうかん》がある。クロスズメバチの幼虫《ようちゅう》の甘露煮《かんろに》が、とにかくおいしいからだ。地域《ちいき》の旅館《りょかん》やホテルなどでも、珍味《ちんみ》としてだしているところがある。

駒ケ根高原《こまがねこうげん》には、このクロスズメバチを庭先でそだてる名人《めいじん》が四人いて、民宿《みんしゅく》を経営《けいえい》している「モリやん」も、そのひとりだ。かれは、毎年、七つばかりクロスズメバチの巣《す》を飼育《しいく》している。ついでに、ニホンミツバチも、数箱《すうはこ》そだてている。

六月ごろ、まだ働《はたら》きバチが三〇匹《ぴき》くらいしかいないクロスズメバチの巣は、大きさがゴルフボールくらいしかない。そんな巣をみつけてきて、モリやんは庭先でそだてて、秋に収穫《しゅうかく》するのである。

ゴルフボールくらいの巣が、秋にはバスケットボールよりも、ひとまわりも大きくなっている。幼虫もどっさりつまっているから、こういうそだて方は効率《こうりつ》がいいのだ。さらに、資源保護《しげんほご》のために収穫をせずに、いくつかの巣から、女王バチも巣だたせている。

そのクロスズメバチの巣《す》が、昨年《さくねん》はクマに襲《おそ》われた（93ページ）。夜間《やかん》に庭先までクマがでてきて、クロスズメバチの巣をあばいて、幼虫《ようちゅう》をことごとくたべていったのである。モリやんのばあいは、ついでに、ニホンミツバチの巣も、みごとにたいらげられてしまった。

ハチはアリのなかまでもあるから、アリの巣を好《この》んでたべるクマにとって、クロスズメバチの巣はごちそうなのだ。駒《こま》ヶ根《ね》高原《こうげん》の森の中にある「モリやん」の民宿《みんしゅく》は、本来《ほんらい》はクマの庭でもある。そこにクロスズメバチやミツバチの巣がまとまってあれば、クマは「自分のもちもの」と判断《はんだん》して、ありがたくちょうだいするのがふつうだ。

名人のなかでモリやんだけが、クマのこの所業《しょぎょう》に激怒《げきど》したことは、九六ページでも報告《ほうこく》した。しかし、

「クマの行動《こうどう》エリアにくらしながら、自然《しぜん》をウリ（売り）にして営業活動《えいぎょうかつどう》をしているのだから、ハチの巣をとられない工夫をするのが、自然と共存《きょうぞん》していく人間とし

●クロスズメバチの巣《す》のある床下《ゆかした》を電気柵《でんきさく》でかこんだ

てのルールではないか」

ボクはモリやんに、そう説得《せっとく》をしてきた。

モリやんも、それを理解《りかい》して、今年《ことし》（二〇〇四年）は電気柵《でんきさく》をもうけた。

三万六〇〇〇円の投資《とうし》をして、クロスズメバチの巣《す》のまわりを電気柵でかこんだのである。そして、ニホンミツバチの巣は、物置《ものおき》の屋根《やね》の上において、クマからの襲撃《しゅうげき》をかわすことにした。

だが、ニホンミツバチの巣《す》に関《かん》しては、物置《ものおき》の横の木をクマがよじのぼってくれば、かんたんにとられてしまうことが、みてとれた。ボクは、

「今年《ことし》も、去年《きょねん》のクマがかくじつにでてくるから、やられるぜ!」

と指摘《してき》したが、モリやんは「大丈夫《だいじょうぶ》……だ」といいはって、それ以上の手はうたなかった。

そのミツバチの巣《す》が、九月下旬《げじゅん》にクマに襲《おそ》われてしまった。電気柵《でんきさく》でかこんだクロスズメバチの巣は、予想《よそう》どおり無事《ぶじ》だったのだが……。

ボクが指摘《してき》したとおり、クマは横にあるヒノキをのぼって、物置《ものおき》の屋根《やね》にたどりついていた。そこで、ミツバチの巣箱《すばこ》を物置の屋根から地上《ちじょう》に落として、ゆっくりと、すべてをたいらげて、ひきあげていった。

これに対してモリやんは、またもや、ものすごく怒《いか》った。ボクが指摘したのに、それを無視《むし》したからこのような結果《けっか》になったのだが、モリやんはそのことは棚《たな》にあげて、クマだけを憎《にく》んだのである。

モリやんはすぐに、警察《けいさつ》と市役所《しやくしょ》に通報《つうほう》してしまった。そして、二日ごには、市《し》

長判断《ちょうはんだん》がおりて、「有害《ゆうがい》」だから「個体調整《こたいちょうせい》」が必要《ひつよう》という理由《りゆう》で、鉄格子《てつごうし》のクマ捕獲檻《ほかくおり》が設置《せっち》された。モリやんの民宿《みんしゅく》から直線《ちょくせん》で八〇〇メートルほどあがった林の中にである。

鉄格子製《せい》の捕獲檻は、あきらかに射殺《しゃさつ》を目的《もくてき》としたものだった。クマは、かみ切ろうとして、鉄格子にムチャクチャにかみつき、すべての歯《は》をボロボロにしてしまう。こうなっては、野外《やがい》では生きていけない。放獣《ほうじゅう》を目的とするときには、ドラム缶《かん》をふたつつなげた、かまぼこ型《がた》の捕獲檻がもちいられる（99ページ）。

その五日ごに、この鉄格子の檻にクマがかかり、すぐに射殺されてしまった。

●鉄格子《てつごうし》の檻《おり》。この檻は99ページの檻とちがって、射殺《しゃさつ》することを目的《もくてき》としている

ツキノワグマの出現《しゅつげん》地図《ちず》からわかること

ここに、国土交通省《こくどこうつうしょう》が「国土画像情報《がぞうじょうほう》」サービスとして提供《ていきょう》している写真《しゃしん》がある。この写真は、一九七六年（昭和《しょうわ》五十一年）の駒《こま》ヶ根《ね》高原《こうげん》一帯《いったい》のものだ。

当時《とうじ》にくらべて、建物《たてもの》などは若干《じゃっかん》増《ふ》えているが、地形《ちけい》はまったく変わっていない。

まず、①～⑤までの番号《ばんごう》が入っている写真をみてもらいたい。

① 中央《ちゅうおう》自動車道《じどうしゃどう》駒《こま》ヶ根《ね》インターチェンジ。

② T《ティー》さんが二〇〇四年八月一六日に、ジョギング中《ちゅう》に親子《おやこ》づれのクマに襲《おそ》われた場所《ばしょ》。

③ マス池《いけ》。ここでは八月二〇日、三～四歳《さい》の雄《おす》のツキノワグマが捕獲《ほかく》。イヤータグもつけられないまま、おしおき放獣《ほうじゅう》。九月四日は、五～六歳の大きな雄が射殺《しゃさつ》。②～③までの距離《きょり》は、およそ二キロ。

④　九月六日、若《わか》い雌《めす》が捕獲《ほかく》され射殺《しゃさつ》。
⑤　九月一日、雌の成獣捕獲《せいじゅうほかく》。発信機《はっしんき》をつけて放獣《ほうじゅう》。

わずかこれだけの位置関係《いちかんけい》に、親子づれのほかに四頭《とう》のツキノワグマがいたことになる。とうぜん、これ以外《いがい》にも生息《せいそく》しているものと思われる。

さらに、③④の地域《ちいき》の拡大写真《かくだいしゃしん》に、A～Gの記号《きごう》をつけて説明《せつめい》すると、

A　むささび荘《そう》（ボクの仕事場《しごとば》）
B　クマの出現《しゅつげん》を吠《ほ》え声で主人《しゅじん》に知らせる「マック」というイヌのいる旅館《りょかん》。
C　昨年《さくねん》、今年《ことし》とクロスズメバチの巣《す》が襲《おそ》われた現場《げんば》。
D　「モリやん」の民宿。
E　八月に、糞《ふん》や木のぼり跡《あと》あり。
F　昨年、飼育中《しいくちゅう》のクロスズメバチを襲う。
G　今年の八月、目撃回数《もくげきかいすう》が、群《ぐん》をぬいておおかった場所。

航空写真《こうくうしゃしん》で、こうしてクマの出没地域《しゅつぼつちいき》をおってみると、わたしたち人間が、いかにツキノワグマの生息地内《せいそくちない》に住《す》んでいるかがわかる。樹木《じゅもく》のある林縁地帯《りんえんちたい》は、あきらかに、クマが日常的《にちじょうてき》に出没している地域といってよいだろう。

③のマス池《いけ》は、ある意味《いみ》では、クマにとっては餌場《えさば》といえる。クマの生息《せいそく》エリア内でマスを飼育《しいく》することは、まさに、クマにレストランを提供《ていきょう》していることになり、クマをよびこんでいるといえる。

事実《じじつ》、ここは過去《かこ》四〇年間にわたって、何回もクマの出没があり、サケほどに大きくなった採卵用《さいらんよう》の親《おや》マスが、何匹《なんびき》もとられている。そして、このマス池の背後《はいご》に、褐色《かっしょく》となった山稜《さんりょう》が大きくひろがっているが、これはすべて、カラマツの植林地《しょくりんち》である。こうした背景《はいけい》をみるだけでも、クマがどのようなルートであるき、活動《かつどう》しているかが予測《よそく》できるだろう。

ツキノワグマは、こんなにも身近《みぢか》なところに、ふつうに生息していると思っていいのだ。

おわりに

まさか、ボクは、ツキノワグマの本を書いてしまうとは思ってもみなかった。しかし、冷静《れいせい》に考えてみると、ここにたどりつくのも必然《ひつぜん》だったのかもしれない。

ボクにとってツキノワグマの存在《そんざい》は、写真《しゃしん》を撮《と》りはじめたころは出会うことすらもむずかしく、実際《じっさい》、人里《ひとざと》での目撃数《もくげきすう》も、とてもすくない動物だった。ところが、フィールドワークをこなしているあいだに、ツキノワグマは年々《ねんねん》、確実《かくじつ》に身近《みぢか》なものになってきていた。そして、クマは意外《いがい》にも、人間の近くに生活しており、その数《かず》も、けっしてすくなくないことに気づいたのである。

これは、長野県《ながのけん》を舞台《ぶたい》にして著《あらわ》したツキノワグマの本である。

そのことを前提《ぜんてい》として考えてもらいたいが、山岳圏《さんがくけん》の長野県ではイノシシやカモシカ、ニホンジカ、ニホンザルなど、いろんな野生動物が、近年《きんねん》、人里《ひとざと》へどんどん出現《しゅつげん》している。

●畑に張《は》られた有刺鉄線《ゆうしてっせん》についた、ツキノワグマの体毛《たいもう》

そして、ツキノワグマまでも、人間の生活圏《せいかつけん》へ平気で出現してきている事実《じじつ》を目《ま》のあたりにして、これは、わたしたち人間の側《がわ》の意識《いしき》を変《か》えなければならないと思った。

騒音《そうおん》や人をおそれない新世代《しんせだい》のツキノワグマが、毎年誕生《たんじょう》しながら、現代《げんだい》の自然界《しぜんかい》に着実《ちゃくじつ》に定着《ていちゃく》し、そのかずを増《ふ》やしてきている。

大型《おおがた》トラックが轟音《ごうおん》をたてて、ひっきりなしに行《ゆ》きかう高速道路《こうそくどうろ》のわきで、クルミやクリの木にのぼって、のんびりと時間をかけて餌《えさ》を食《く》っていくツキノワグマは、笛《ふえ》や鈴《すず》をならせばにげていくような臆病者《おくびょうもの》ではない。そんなふうに、ふつうに人里《ひとざと》に棲《す》んでいるクマに、「もうでてきてはいけない」といっておしおきをしても、それは効果《こうか》がないのではないか。

ゆたかな自然環境《しぜんかんきょう》は、きれいな野鳥《やちょう》や、おいしい空気だけではなく、クマやスズメバチやマムシもセットになっているのである。不幸《ふこう》にしてクマに襲《おそ》われても、それは、自分自身《じぶんじしん》の自然をみる目が不足《ふそく》していたのだから、自己責任《じこせきにん》であって、クマを悪《わる》くいうのは筋《すじ》ちがいではないかと思う。

そんなあまい考えのまま、クマが本来《ほんらい》生活している森や林に、山菜《さんさい》とりや散策《さんさく》で入りこみ、そこでクマに出会うと、「クマがでたから退治《たいじ》しろ」というのは、あまりにも安易《あんい》なのではないだろうか。クマがでたのではなく、そこにクマが「居《い》た」のである。行政側《ぎょうせいがわ》も、そうした声にすぐ反応《はんのう》して捕獲檻《ほかくおり》をしかけるのは、野生動物の側《がわ》からみたら、不条理《ふじょうり》以外《いがい》のなにものでもない。

しかも、「おしおき」などといって、いたずらにいじめて放《はな》すことは、そのことをうらんだツキノワグマが人間を襲《おそ》う被害件数《ひがいけんすう》を増《ふ》やしているようなものだ。

ツキノワグマの数《かず》が確実《かくじつ》に増えていて、どうしても人間と接触《せっしょく》してしまい、結果的に被害《ひがい》がでているなら、ツキノワグマの数を適正《てきせい》な数になるように調整《ちょうせい》するのはしかたがないだろう。しかし、自然《しぜん》に分《わ》けいる人間も、不幸《ふこう》にしてクマに襲《おそ》われたら、戦《たたか》うくらいの気持《きもち》で山あるきをしてもらいたい。

そういった意識《いしき》があってフィールドへ入れば、賢《かしこ》いクマは、山野《さんや》に流れる人間の側《がわ》のオーラ（殺気《さっき》）を読むから、むだな遭遇《そうぐう》をさけてくるものだ。

数十頭《すうじっとう》のツキノワグマがふつうに生活している、ふところ深い環境《かんきょう》で日々《ひび》くらすボクが、そうかんたんに野生のクマに出会えないのは、いつもクマの存在《そんざい》を意識しているからである。野生動物というのは、そのくらい人間のこころを読もうと努力《どりょく》して生きている。だから、わたしたち人間も、それに応《こた》えて、相手の存在を考えてみる必要《ひつよう》があると思う。

その意味《いみ》でも、ツキノワグマの研究は必要なことだ。クマのためにも、社会のためにも、それは大事《だいじ》なことだからである。

しかし、テレメトリーなどのハイテク装置《そうち》だけがすべてとみられる現代《げんだい》社会のなかで、地《じ》道《みち》な調査《ちょうさ》などは、ほとんどおこなわれていないのは問題だ。黙《もく》して語《かた》らない自然《しぜん》をさぐるには、ハイテクとローテクをあわせていくことのたいせつさも、あるからだ。

著者紹介

宮崎 学（みやざきまなぶ）

1949年、長野県に生まれる。精密機械会社勤務を経て、1972年、独学でプロ写真家として独立。『けもの道』『鷲と鷹』で動物写真の世界に新風を巻き起こす。現在、「自然と人間」をテーマに社会的視点に立った「自然界の報道写真家」として日本全国を舞台に活躍中。最新刊に「森の写真動物記」シリーズがある。

1978年『ふくろう』で第1回絵本にっぽん大賞
1982年『鷲と鷹』で日本写真協会新人賞
1990年『フクロウ』で第9回土門拳賞
1995年『死』で日本写真協会年度賞、
『アニマル黙示録』で講談社出版文化賞
2002年「アニマルアイズ（全5巻）」シリーズで
学校図書館出版賞

ホームページ「森の365日」http://www.owlet.net/

地図 アド・チアキ

ブックデザイン 岡本洋平（岡本デザイン室）

ツキノワグマ

発行 2006年10月 1刷
2017年 8月 6刷
著者 宮崎 学
発行者 今村正樹
発行所 偕成社
〒162-8450 東京都新宿区市谷砂土原町3-5
Tel：03-3260-3221［販売］
03-3260-3229［編集］
http://www.kaiseisha.co.jp/
印刷 株式会社 東京印書館
プリンティングディレクター 高柳 昇
製本 株式会社 常川製本

NDC480 161p. 21×16cm ISBN978-4-03-745120-2

＊乱丁本・落丁本はおとりかえいたします。
本のご注文は電話・ファックスまたは
Eメールでお受けしています。
Tel:03-3260-3221 Fax:03-3260-3222
e-mail: sales@kaiseisha.co.jp

数かずの受賞に輝く科学読物の古典

わたしの研究

自分で考えて自分で問題を解く。
独創力をグングン伸ばすシリーズです!!

❶ イラガのマユのなぞ　科学読物賞・産経児童出版文化賞　京都大学名誉教授　石井象二郎

❷ アリに知恵はあるか?　産経児童出版文化賞　石井象二郎

❸ 虫はなぜガラス窓を歩けるのか?　石井象二郎

❹ 虫はどのように冬を越すのか?　産経児童出版文化賞　北海道大学名誉教授　茅野春雄

❺ カラスウリのひみつ　産経児童出版文化賞　東京学芸大学名誉教授　真船和夫

❻ 葉の裏で冬を生きぬくチョウ　産経児童出版文化賞　高柳芳恵

❼ タガメはなぜ卵をこわすのか?　産経児童出版文化賞　姫路水族館 館長　市川憲平

❽ モンシロチョウの観察　石井象二郎

❾ オーロラのひみつ　名古屋大学・太陽地球環境研究所 所長　上出洋介

❿ 田んぼの学校　タガメビオトープの一年　市川憲平

⓫ どんぐりの穴のひみつ　高柳芳恵